人工智能

新时代技术赋能

王春源◎著

中国铁道出版社有限公司
CHINA RAILWAY PUBLISHING HOUSE CO., LTD.

图书在版编目（CIP）数据

人工智能：新时代技术赋能 / 王春源著 . — 北京：
中国铁道出版社有限公司，2022.8
ISBN 978-7-113-29097-9

Ⅰ.①人… Ⅱ.①王… Ⅲ.①人工智能 Ⅳ.① TP18

中国版本图书馆 CIP 数据核字（2022）第 071379 号

书　　名：人工智能：新时代技术赋能
RENGONG ZHINENG：XIN SHIDAI JISHU FUNENG
作　　者：王春源

责任编辑：马慧君　　编辑部电话：(010) 51873005　　投稿邮箱：zzmhj1030@163.com
封面设计：宿　萌
责任校对：焦桂荣
责任印制：赵星辰

出版发行：中国铁道出版社有限公司（100054，北京市西城区右安门西街 8 号）
网　　址：http:// www.tdpress.com
印　　刷：北京铭成印刷有限公司
版　　次：2022 年 8 月第 1 版　2022 年 8 月第 1 次印刷
开　　本：710 mm×1 000 mm　1/16　印张：14.75　字数：184 千
书　　号：ISBN 978-7-113-29097-9
定　　价：59.80 元

___

前　　言

人工智能（Artificial Intelligence，英文缩写为 AI）是研究、开发用于扩展人的智能的技术，属于计算机科学的一个分支，可以对人的意识、思维的信息过程进行模拟与延伸。现在该项技术已经越来越多地出现在人们身边。然而，它的发展不是一帆风顺的，而是经历了很多次"寒冬"，才逐渐从科学家的科研积累中走向应用，进入人们的生活。

人工智能的快速发展，智能产品不断增多，为改善人们的生活作出了巨大贡献，如打车服务、地图导航、人脸识别、无人驾驶、智能语音识别等。对于企业来说，人工智能也很重要。在经济发展渐缓的情况下，企业需要降本增效，对人工智能的需求非常旺盛。

现在人工智能虽然难以独立创造价值，但可以通过对成熟领域的智能化改造，帮助企业发掘新的盈利机会。但是，企业想更好地应用人工智能不是那么简单，除了要懂技术，还要懂应用，而且要对商业模式、运营成本、维护技术、发展节奏都有一定的把控。

人工智能是技术时代的产物，为企业带来了机遇，并在经历很多次"寒冬"后依然获得了不错的发展，这在一定程度上表明，该技术被人们所需要。

但现在的情况是，很多企业不具备应用人工智能的能力，无法很好地借助人工智能提升自己，尤其是传统企业，引进和应用人工智能更是十分困难。甚至有些企业认为，只要建立人工智能部门，招聘 AI 人才，就是在布局人工智能战略。

当然，也有企业对人工智能赞不绝口，并凭借该项技术走上了一条快速发展的道路。如谷歌坚定地走人工智能道路、ImageNet 致力于 AI 研究工作、百度利用 AI 变革质检系统等。但不得不说，这样的企业毕竟是少数，而且它们使用的方法可能也不适合其他企业。因此，企业还是要分析自身需求和发展阶段，选择适合自己的方法。

毋庸置疑，人工智能时代已经来了。它正在建立人机协作的良性循环，重构人们熟悉的生活场景。但你知道什么是人工智能吗？准备好与人工智能共同进步了吗？企业又该如何更好地应用人工智能？当人工智能成为必需品，本书告诉大家：我们应该做些什么才可以适应 AI 时代，企业应该如何转型升级才能牢牢抓住市场机会。

大家不需要担心人工智能时代的到来，只需要尽早了解人工智能及其变革与应用规律，更好地拥抱未来。现在无论是对人工智能感兴趣的创业者、管理者还是想入局人工智能领域的企业，都需要重新认识人工智能，丰富理论储备，积累更多经验。

本书以此为基础进行撰述，详细介绍了与人工智能相关的专业知识。还对经典案例进行解读与分析，教大家如何入局人工智能领域并取得成功。本书的文字引人入胜，图片制作精美，做到了图文并茂，希望大家可以在轻松的氛围中学习到实用的人工智能内容。

笔者在人工智能领域潜心钻研，若书中尚有可补实之处，恳请读者朋友们予以指正。我们一起同行，努力获取人工智能知识、智识、智能、智慧、智德。

最后，感谢在本书写作过程中给予帮助的人；感谢在专业知识方面为本书提供建议的人；感谢对本书提出宝贵意见的人；感谢家人和朋友的支持。

目　录

上篇　了解真实的 AI

下篇 AI 的应用场景

上 篇

了解真实的 AI

第 1 章

AI 认知：感受颠覆性变革

在互联网还没有普及时，人们一定想象不到如今的日常生活离不开网络的协助。人工智能亦是如此，它距离普通人的生活并不遥远，其实无处不在。随着我国对人工智能产业的多项扶持、人工智能人才培养等政策的推进，都为人工智能的发展打了一针"强心剂"。与西方国家相比，我国在人工智能方面的发展迅猛，目前我国的人工智能技术已经实现了从实验室到实际生活应用的转变。

1.1　人工智能的现状分析

　　随着人工智能的发展，它越来越多地渗透到全球的各个行业、领域。新技术、新产品的大量涌现，也成为新时代科技革命和商业模式变革的重要驱动因素。在这样的大环境下，人工智能引起了社会各界更广泛的关注，人工智能时代已全面来临。

1.1.1　思考：人工智能究竟是什么

　　虽然人工智能目前在制造领域、IT 领域的应用比较广泛，但大多数人仍然不能准确理解人工智能的概念。人工智能的定义、应用场景究竟是什么？

1. 什么是人工智能

　　人工智能这个概念是在 1956 年达特茅斯会议上首次提出的。当时的时代背景是第一次工业革命后，一部分企业追求"自动化"，在制造业强调机器自动生产，实现"机器换人"的目标；而另外一部分企业追求的是智能化的柔性生产，实现"人机协同"目的，更加注重设备自主配合人的工作，这就是人工智能的运维操作。

　　人们通过对计算机研究的不断深入，使其计算能力也得到了高速发展。如今计算机系统基本实现所有行业的全面覆盖，例如，计算机辅助设计、通信技术、医疗设备、自动控制等。所以，人工智能是由计算机科学衍生出来的，是计算机科学发展到现在的又一成果。

人工智能主要应用于生物学、神经学、哲学等多种学科，它可以帮助人们在这些领域开发和设计与之相关的计算机功能，例如，分析决策、学习和解决难题等。通俗来说，人工智能就是创造智能的系统或程序。它通过模仿人类的思维模式、学习与工作方式，使计算机可以更加智能地处理问题。

计算机程序可以为此证明。没有人工智能编程的计算机程序与拥有人工智能编程的计算机程序在解决问题上天差地别。前者在解决实际问题的过程中，程序修改可能导致错误出现，修改某一部分也有可能对全部结构产生影响。而后者由于人工智能的加入，其程序的各个参数都是相互独立的，修改不会改变结构，效率更高。

2. 人工智能的主要应用场景

（1）游戏。人工智能在围棋、象棋等游戏中发挥着重要的作用。例如，打败我国围棋高手柯洁的 Alpha Go 就是其中的典型案例，它可以测算出对手可能落子的位置并选出自己的最优落子位置。

（2）语言处理系统。例如，机器翻译系统。该系统又被称为自动翻译系统，它主要利用机器将源语言转换成目标语言。它是人工智能的终极目标之一，具有超高意义的科学研究价值。

（3）智能识别系统。该系统分为语音识别、人脸识别与车牌识别等。在语音识别中，人工智能可以通过对音色、声调、重音等准确把握，来帮助听者理解不同的语言。而人脸识别则可帮助警方抓捕逃犯，大大提升工作效率。车牌识别则被用于违章抓拍、ETC（不停车收费）等，规范人们的生活，也给人们生活提供便利。

（4）智能机器人。在人工智能领域，智能机器人是技术应用最早，也是最广泛的。智能机器人装有传感器装置，它能感应到现实世界的光、温度、声音和距离等数据。随着数据的不断积累，智能机器人能够越来越多地执行人类给出的任务。

智能机器人由于拥有高效的处理器、多项传感装置与强大的深度学习能力，所以在处理任务时，它们从开始的简单、烦琐型工作中吸取经验以适应新的环境，逐渐地胜任更高级的工作。

1.1.2　人工智能背后的"泡沫"

现阶段，互联网等科学技术已经逐渐成熟完备，人工智能时代到来也势不可挡。人们需要找到真正能解决问题、真正实现现代商业模式自动化的人工智能。据行业有关人士分析，市场上任何一个新兴产业都有从诞生到爆发的突破点，而"泡沫"可能就是出现突破点的前兆。就人工智能对传统企业赋能而言，正在经历其中的第三个高潮，这个高潮有可能是其发展过程中的突破点，但在突破的过程中一定会有人工智能"泡沫"出现。

在资本市场中，"泡沫"是存在的。要想成功入局人工智能，投资者要看到被投企业的发展潜力，明晰其发展的阶段点是否有"泡沫"。并且只有将人工智能领域的"泡沫"尽量打破后，才能将真正优质的企业推上市场舞台。没有被市场淘汰的企业，才能更好地在经济浪潮中乘风破浪，才能真正地为产业、为社会创造价值。而且有价值的企业，其独特的商业模式一定会在平台、技术、组织框架、产品等方面有所体现。

我国科技经过多年的发展，实现了从个人计算机、互联网到移动通信的突破，现在正在进行新一轮的科技变革——智能互联网。智能互联网是以物联网为基础，使人工智能与大数据等技术给各个产业的生产力带来飞跃式提升。同时，人工智能还应该形成一个庞大的产业链，发展出最适合的应用场景，让人们切身感受到它带来的美好与便捷。

1.1.3 从弱 AI 到强 AI 再到超 AI

人工智能可以分为三种形态：弱 AI 形态、强 AI 形态、超 AI 形态。目前，科研人员在弱 AI 方面的研究已经取得了突破性成果，但关于强 AI 和超 AI 的研究仍然具有极大的发展与上升空间。

1. 弱 AI

弱 AI 只能进行某一项特定的工作，因此，也被称为应用型 AI。弱 AI 没有自主意识，也不具备逻辑推理能力，只能够根据预设好的程序完成任务。例如，苹果公司研发的 Siri 就是弱 AI 的代表，其只能通过预设程序完成有限的操作，并不具备自我意识。

2. 强 AI

理论上，强 AI 指的是有自主意识、能够独立思考的近似人类的 AI，其主要具有以下几种能力：

（1）独立思考能力，能够解决预设程序之外的突发问题；

（2）学习能力，能够进行自主学习和智慧进化；

（3）自主意识，对于事物能够作出主观判断；

（4）逻辑思考和交流能力，能够与人类进行正常交流。

强 AI 的研发将是科研人员的长久课题，而随着它的发展完善，它为人们的生活带来的影响也会更深刻。

3. 超 AI

超 AI 在各方面的表现都将远超强 AI。超 AI 具有复合能力，在语言、运动、知觉、社交及创造力方面都会有出色的表现。超 AI 是在人类智慧的基础上进行升级进化的超级智能，相比强 AI，超 AI 不仅拥有自主意识和逻辑思考的能力，还能在学习中不断提升智能水平。

不过，人类对 AI 的研究现在还处于弱 AI 向强 AI 的过渡阶段。在强 AI 的研究中，科研人员依旧面临诸多挑战，一方面，强 AI 的智慧模拟无法达到人类大脑的精密性和复杂性；另一方面，强 AI 的自主意识研究也是亟须攻克的难题。

虽然从弱 AI 向强 AI 之间的转化还有很长的路要走，但可以预见的是，人工智能今后将从云端 AI、情感 AI 和深度学习 AI 这几个方面发展。

（1）云计算和人工智能的结合可以将大量的智能运算转入云平台，从而有效降低平台的运算成本，让更多人享受到人工智能带来的便利。

（2）情感 AI 可以通过对人类表情、语气和情感变化的模拟，更好地对人类的情感进行认识、理解和引导，这在未来势必成为人类的虚拟助手。

（3）深度学习是 AI 发展的重要趋势，具有深度学习能力的人工智能可以通过学习实现自我提升，帮助人类更好地生活和工作。

如今，弱 AI 已经辅助人们进行一些工程作业。随着人工智能的不断进化，未来强 AI 甚至超 AI 能够更深刻地改变和影响人类，为人类提供不一样的价值。

1.1.4　风投纷纷发力，AI 融资趋势向好

人工智能已经成为新的资本风口，众多人工智能企业受到资本的青睐。其中，比较典型的就是商汤科技。商汤科技是我国深度学习领域技术强劲的企业，它聚集了深度学习领域，特别是计算机视觉领域的诸多权威专家。

商汤科技在人工智能领域有很高权威性，例如，在人脸识别、图

像识别、无人驾驶、视频分析以及医疗影像识别领域，商汤科技都有很大的话语权。这些先进技术基本都在市场上得到了应用，而且市场占有率极高。良好的发展势头自然也吸引了资本的注意，商汤科技曾经成功融资 4.1 亿美元，创下当时全球人工智能领域最高融资额的纪录。

发展到如今，AI 领域的投资热潮依然不减。2020 年末，人工智能平台与技术服务提供商第四范式获得了 7 亿美元的 D 轮融资，是 2020 年度我国 AI 领域单笔额度最大的一笔融资。融资之后，第四范式将加速重点产业布局，培养人工智能尖端产业人才。

从商汤科技的 4.1 亿美元，到第四范式的 7 亿美元，人工智能领域的单笔融资金额正在不断增大。这也反映了人工智能融资市场的趋势，虽然每家企业的融资金额有多有少，但整体来看，人工智能领域呈现出单笔融资金额不断增大的趋势。

1.2 关于 AI 的三大关键知识点

在探讨人工智能时，人们对它有多方面的疑问，如人工智能的"灵魂"是什么？人工智能可以超越人类智慧吗？深度学习够不够"深"等。对这些问题进行分析和思考能够加深我们对人工智能的认知和理解。

1.2.1 AI 的"灵魂"与智能化表现

图灵奖得主马文·明斯基认为，"让机器做本需要人的智能才能够做到的事情的一门科学就是人工智能"；诺贝尔经济学奖得主司赫伯特·西蒙则认为，"智能是对符号的操作，而最原始的符号对应于物理客体"。

不同的研究者对人工智能或许存在不同的见解，但无论研究者对人工智能如何定义，不可否认的一点是，智能才是人工智能的"灵魂"。

人类对智能的了解全部来自人类自身，所以人工智能也是相对于人类的智能而言。根据人类的智能活动特征，人工智能通过感知寻找认知，然后进行决策，其智能化体现在运算智能、感知智能、认知智能三个层面，如图 1-1 所示。

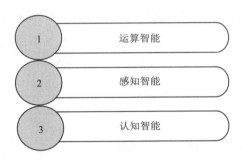

图 1-1　人工智能的三个层次

1. 运算智能

运算智能是指计算机进行快速计算和存储信息的能力，这是人工智能进行机器学习的基础。目前，计算机的运算智能已经十分出色。"深蓝"打败当时的国际象棋冠军卡斯帕罗夫，"阿尔法"打败围棋高手李世石、柯洁等事例，都是人工智能具有出色运算智能的体现。

2. 感知智能

人工智能的感知智能即视觉、听觉、触觉等感知能力，如语音的录入、面部识别等。各种智能感知能力是与外界进行交互的窗口，例如，自动驾驶汽车的激光雷达等设备就是实现感知智能的设备。

3. 认知智能

认知智能，简单说就是"能理解、会思考"。机器的认知智能表现在对知识的不断理解、学习上，是人工智能中最难的环节。例如，智伴科技旗下的班尼儿童成长机器人能做到"能理解、会思考"，如果用户提出一个它不懂的问题并告诉它正确的答案，那么第二次再遇到这个问题，它就能很好地处理。这种自主学习的能力即认知智能的体现。

人工智能的独特之处在于智能化。智能使人脑的部分功能在计算机中体现出来，对某些场景能够自主决策。随着技术的进步，人工智能逐渐从类人行为模式（模拟行为结果）发展到类人思维模式（模拟大脑运作），甚至向泛智能模式（不再局限于模拟人）发展。人工智能的内涵正在不断扩大，但核心依旧是智能。

1.2.2　深度学习究竟够不够"深"

深度学习的概念由深度学习之父杰弗里·辛顿等人提出。当时，研究人员普遍希望找到一种方式让计算机能够实现"机器学习"，即用算法自主解析数据，不断学习数据，对外界的事物、指令有所总结和判断。实践结果表明，深度学习算法是实现"机器学习"目的的方法。

在实现"机器学习"这一目的时，研究人员不必亲自考虑所有的情况，也不用编写具体的解决问题的算法，而是在深度学习算法的支持下，通过大量的实践和数据资料"训练"机器，使机器在面对某些情况时可以自主判断和决策，然后完成任务。

深度学习、机器学习、数据挖掘和人工智能四者之间的关系，如图 1-2 所示。

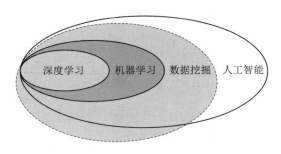

图 1-2　深度学习、机器学习、数据挖掘和人工智能的关系

深度学习概念中的"深度"二字是对程度的形容，是相对之前的机器学习算法而言的。深度学习算法在运算层次上更加有逻辑力和分析能力，更加的智能化。

深度学习是神经网络算法的继承和发展。传统神经网络算法包含输入层、隐藏层与输出层，如图 1-3 所示，是一个非常简单的计算模型。

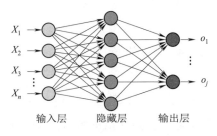

图 1-3　传统神经网络算法的结构

以深度神经网络为基础的深度学习算法中的"深"，是指算法使用的层数深化。深度学习算法包含多个隐藏层，如图 1-4 所示。隐藏层的数量越多，算法刻画现实的能力就越强，最终得出的结果与实际情况就越符合，计算机的智能程度也就越高。

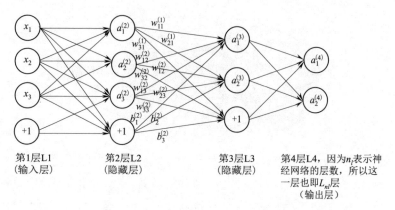

图 1-4　深度学习算法包含多个隐藏层

　　拥有深度学习的加持，人工智能在更广阔范围内得到了应用，同时也实现了应用升级。另外，通过深度学习，计算机能够将任务拆分，可以与各种类型的机器结合完成多种任务。

　　在深度学习的帮助下，人工智能终于实现根据相关条件进行"自主思考"的目标，完成研究者钻研已久的研究任务。

1.2.3　智能 + 的重要版图：数字孪生

　　数字孪生（Digital Twin）是近几年兴起的一项新技术，可以对物理实体进行分析，并借助传感器提供的数据了解物理实体的状态，完成物理实体的数字化映射。简单来说，数字孪生是对物理实体的动态仿真，从某种意义上说是会"动"的。

　　有了数字孪生，物理世界中的很多事物都可以借助该技术进行复制，该技术也将在物理世界与虚拟世界之间建立一种联系，使二者可以互联、互通、互操作。从 2014 年起，波音、通用电气、NASA、西门子等知名公司就开展了一系列数字孪生项目，将该技术对外推广。

　　现在数字孪生正在与人工智能融合，使物理实体在信息化平台实现更真实、高效的数字化模拟。例如，数字孪生系统一旦引入人工智能，就可以根据更大规模的数据进行自我学习，从而几乎实时地在虚拟世界中呈现物理世界的状况，并对即将发生的事情进行预测。

　　在人工智能等技术的推动下，数字孪生目前已经在很多领域得到了很好的应用，如制造、建筑、医疗、城市管理等，并出现了很多不错的案例，如表 1-1 所示。

表 1-1　数字孪生的应用情况

项目	制造	建筑	医疗	城市管理
应用场景	波音 777	北京新机场、艺术馆	数字心脏	城市整体布局
孪生对象	数字孪生产品	建筑物龙骨	心脏结构	城市管网
	数字孪生生产线	建筑物管网	血液管流	气象天气
	数字孪生工艺		心电动力	
实现载体	MBD MBe MBm MBs	BIM	达索 Living Heart	达索 3D Experience City
效率提升	研发周期由 89 年缩短至 5 年	建造成本降低 5% 左右	降低手术风险	应急处置效率提高 30%
	实物仿真几百次减少至几十次	建造工期缩短 10%	提高药物作用精度	拥堵率降低 25%
	生产成本降低 25% 以上	返工率降低大约 50%	快速制定个性化治疗方案	减少城市管理成本
功能价值	产品性能改良	建筑物结构设计	器官状态监测	城市规划辅助设计
	制造流程优化	建筑物各类资源优化	心脏手术预演	区域状态异常预警
	设备运行监控	应急方案预演	药物扩散模拟	城市资源优化配置
发展阶段	由单设备设计、生产、运维到多设备互联、协同、优化	由单体建筑仿真模拟到建筑群资源优化配置	由单个脏器监测、模拟到多器官协同治疗	由单一城市监控、优化到多城市联动、资源配置

以数字孪生在城市管理领域的应用为例：杭州市萧山区，阿里云旗下的 ET 城市大脑可以对交通信号灯进行自动控制与调配，让救护车到达现场的时间缩短 50% 以上，为患者开辟了一条畅通无阻的"绿色生命线"。

此外，达索公司的"Living Heart"项目借助人工智能、数字孪生技术，掌握了通过肌肉纤维产生电力的方法，以复制心脏的真实动作，建立高度仿真的 3D 心脏模型，使外科医生可以更精准地规划最佳手术方案，从而让患者得到更好的治疗。

随着数字孪生与人工智能的进一步融合，二者的价值都会更充分地体现，在越来越多领域发挥更重要的作用。因此，对技术感兴趣的公司不妨尝试建立一套与物理世界实时联动的运行体系，对各方面资源进行优化配置，打造数字化时代的新型发展模式。

1.3 解读人工智能与人类的关系

人工智能的发展势必会影响人类生活，那么，人工智能将在哪些方面影响人类，又将会带来什么影响呢？

1.3.1 AI 时代来临，人类会被超越吗

人工智能时代正在到来，并在越来越多的领域显示出比人类更强大的能力。随着知名媒体人杨澜所著的《人工智能真的来了》上市，人工智能是否真的会超越人类智慧的话题引发了大众关注。实际上，对人工

智能超越人类的担忧，可以从两方面解决：

（1）科技和人类的关系；

（2）人工智能的本质特点。

一方面，从科技和人类的关系来看，自人类出现以来，追求科技的步伐从未停止。从远古时期的石器到现在的智能手机，每种工具都拥有人类自身无法超越的功能。但人类并未被工具打败，而是充分利用工具推动历史的发展。人类和高科技一直都处于各司其职的平衡状态，共同推动社会的进步，人工智能自然也不例外。

另一方面，人工智能的本质特点是对人类思维信息过程的模拟。即使人工智能在某些方面超过人类的生物极限，但无法取代人类的大脑完成跟人类一样的意识过程。换句话说，人工智能是思维模拟，而非思维本身。因此，人工智能模拟人类思维就认为其可以超过人脑思维是不科学的。

人工智能究竟是因为什么而无法超越人类智慧呢？原因就在于，人类具有感性思维。例如，面对泰山，人类除了惊叹大自然的鬼斧神工，还会激发出"一览众山小"的豪情壮志。而人工智能也许在描述景色时的文字运用能力不逊于人类，但其无法感知景色带给人类感情上的激荡，也并不了解自身写出的文字有什么样的价值和意义，只是根据算法写出文字而已。

算法足够精妙，学习的轮数足够多，人工智能的能力就可能超过人类，但这些学习和模仿都是基于逻辑上的模仿，不具有人类自身的感性思维。人类与人工智能具有本质的差异，不必因为人工智能的出色表现而出现"东风与西风"的矛盾。

人工智能是充分模仿人类行为出现的科技产物，人工智能表现出超凡的实力也带来人类的恐慌。但只要明白人工智能在本质上还是人类创造出的另一类工具，与人类自身存在本质差距，更不能超越人类的智慧，这些恐慌自然而然就会消失。

1.3.2　最可能被人工智能取代的三类职业

在看科幻大片时，我们经常会被其中的机器人震惊到，这些机器人似乎拥有非常强大的"超能力"，以至于可以担负起很多复杂的工作。而如果回到现实生活中，我们也可以发现，很多职业都正在甚至已经被人工智能取代。经过仔细的搜集和考证，最可能被人工智能取代的职业有以下三个特点，如图 1-5 所示。

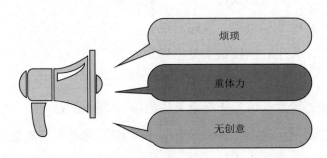

图 1-5　容易被人工智能取代的职业的三个特点

1. 烦琐

通常来讲，会计、金融顾问等金融领域的从业者都需要做烦琐的工作。以会计为例，他们不仅需要拟定经济计划、业务计划，还需要制作财务报表、计算和发放薪酬、缴纳各项税款等。如果在这个过程中出现失误，无论是会计，还是公司，都要遭受损失。但自从人工智能出现以后，这样的情况就有了明显改善。机器人已经可以完成一些烦琐的会计工作。而这也意味着，如果会计从业人员不及时做好能力提升，那么很有可能会被人工智能代替。

2. 重体力

提起重体力的职业，很多人想到的是保姆、快递员、服务员、工人。如今，这四个职业也正面临着被人工智能取代的风险。下面以保姆和快递员为例对此进行讲述。

日本著名机器人研究所 KOKORO 曾经研制出一款仿真机器人，并将其命名为"木户小姐"，如图 1-6 所示。"木户小姐"与真实的人类非常相似，除了可以像保姆那样完成一些打扫工作以外，还可以与主人进行简单交谈。

图 1-6 "木户小姐"

京东配送机器人（如图 1-7 所示）穿梭在道路中间，除了可以自主规避车辆和行人，顺利将快递送到目的地以外，还可以通过京东 App、短信等方式向客户传达快递即将送到的消息。客户只需要输入提货码，即可打开京东配送机器人的快递仓，成功取走自己的快递。

图 1-7　京东配送机器人

　　由以上案例可以看出，"木户小姐"可以完成保姆的工作，京东配送机器人可以完成快递员的工作。一些人工智能产品还可以完成服务员和工人的工作。这就表示，未来，需要做重体力工作的职业会很容易被人工智能取代。

3. 无创意

　　不是每一种职业都需要创意，例如，司机、客服等。人工智能出现以后，这些不需要创意的职业便受到很大威胁。下面以客服为例进行讲述。

　　对于客服行业来说，智能客服机器人无疑是一个巨大的挑战。一方面，智能客服机器人可以精准地判断出客户的问题，并给出合适的解决方案；另一方面，如果遇到需要人工解答的问题，智能客服机器人还可以通过切换模式，辅助人类客服进行回复。

　　从目前的情况来看，智能客服机器人已经在国内外多家公司得到了有效应用，例如，酷派商城、360商城、巨人游戏、京东、唯品会、亚马逊等。可以预见，当智能客服机器人越来越先进，数量也越来越多时，人工客服很有可能会被取代。

如果对上述内容进行总结不难发现，容易被人工智能取代的职业主要有会计、金融顾问、保姆、快递员、服务员、工人、司机、客服等。而这些职业的特征则是烦琐、重体力、无创意。这些职业的从业者必须要做好应对人工智能的准备，以防止自己哪一天将被人工智能取代。

1.3.3　AI 商业革命与人类进步

人工智能正在激发一场新的商业革命，并在不久的将来实现其商业化落地。随着深度学习概念的提出，人类正式进入人工智能发展的第三大热潮。目前，在视觉、语音识别与其他领域小有成就的基础上，人工智能进入突破瓶颈的前期。

经过多年发展，人工智能越来越成熟，逐渐受到大众的认可，这也许会架起一座通往未来文明的桥梁。下文将举例分析，人工智能是如何在商海中激起层层浪花的。

1. 谷歌 Alpha Go 打败柯洁

谷歌不仅是互联网领域的先驱，也是人工智能领域的领军者。由谷歌研发的深度学习人工智能机器人 Alpha Go 早在 2016 年就掌握了围棋的规则，并在当年的 3 月以 4∶1 的比分击败韩国围棋高手李世石。

在 Alpha Go 出现之前有一段时间，世界围棋的高手多在韩国和日本。但我国围棋天才柯洁在他 16 岁那年就一举打破了日韩的垄断，将中国的旗帜插在了围棋界的顶端。柯洁还曾在社交软件上自信地表态：Alpha Go 能赢李世石，但赢不了我！

但对于真实对战中深陷棋局的柯洁来说，与人工智能的对决绝不是那么简单。在对局中，Alpha Go 以 3∶0 的比分零封柯洁，柯洁最终败北。这一结局出现的那一刻，震惊了全世界的科学家。人工智能通过深度学习打败全球顶尖高手这一消息，使得人们对人工智能的热情重新燃烧起来。

2.XPRIZE 联手 IBM 设立了"AI 2020"竞赛

提及人工智能，人们脑海中首先浮现的画面就是关于反抗人类命令的画面——人工智能野蛮地谋害了她的制造者、人工智能在某国国防大厦的阴暗角落里操控着整个国家等。为了改变这一不切实际的刻板印象，XPRIZE 携手 IBM 举办了一场名叫"AI 2020"的挑战赛，希望能够以一种"反乌托邦"的方式来探究人工智能对人类在实际场景方面的帮助和影响。

这场竞赛还希望通过突破人类极限，关注在当今社会看似无法解决、目前还没有明确解决途径的问题。此外，这次挑战赛的综合性也让人感到兴奋。参赛团队不仅可以由人工智能领域的专业人才组建而成，还可以由对科学、数学、语言学等多个领域有研究的业余人才组成。也就是说，只要参赛者能拿出研究成果，就能够参加挑战赛。

XPRIZE 希望通过"AI 2020"竞赛催生新的行业，改革现有行业并为其带来持久利益。而且，他们将通过最终胜利的队伍向世界证明，那些疑难问题是可以被人工智能解决的，同样也能消除人类对人工智能幻想的恐惧。

总而言之，在人工智能领域，全社会都在为突破其瓶颈而努力。第三次人工智能热潮，还将出现各种各样的以人工智能技术为基础的其他高科技产品。人工智能会将商业革命再次推向巅峰，让整个社会受惠。

1.3.4 清华女生"华智冰"，虚拟人时代来临

2021 年 6 月，我国首个 AI 虚拟学生"华智冰"亮相，自弹自唱一

首歌曲《男孩》，如图 1-8 所示。"华智冰"人美歌甜，表情也与真人非常相似。她的歌声、生物学特征全部由人工智能完成，肢体动作则经过了团队训练，歌声由 X Studio（人工智能小冰框架）生成。

图 1-8　"华智冰"自弹自唱

"华智冰"由智源研究院、智谱 AI 等团队联合打造，于 2021 年 6 月入学清华大学计算机系，师从唐杰教授。与人类相比，"华智冰"学习和成长的速度都更快，大约只需要 1 年的时间便可以达到 12 岁孩子的认知水平。

在清华大学，"华智冰"拥有自己的座位和人名牌，可以作诗、作画，甚至还可以推理、与清华学生进行情感交互。为了让"华智冰"变得更完美，团队为她制定了详细的学习计划。

（1）第一年：博览群书，学习并吸收大量的语言材料。

（2）第二年：学习更深层次的知识，挖掘数据中的隐含模式。

（3）第三年：提升创造力，在多项认知智能上超过人类。

与之前的 AI 虚拟人不同，"华智冰"可以展露自己的歌喉，因为其内嵌大规模预训练模型——悟道 2.0。该模型可以让"华智冰"像人类一样完成交流与互动，还可以自主撰写剧本、论文等，这个模型为"华智冰"提供强大的数据驱动能力。

在多种技术的支持下，与众不同的"华智冰"闪亮登场。未来，她将发展到什么程度？我们拭目以待。可以确定的是，她会继续不断学习、探索，培养创造能力与交互能力，积累更多知识，成为人类的好伙伴、好帮手。

第 2 章

AI 分析：把握机遇与迎接挑战

人工智能技术能够解决当前社会中的许多问题，但从实践上来看，如果人工智能技术不能实现商业落地，不能以各种应用渗透到人们的生活中，那么其价值也会大打折扣。人工智能技术在发展和应用的过程中，既有机遇也有挑战，但不可否认的是，虽然人工智能发展的道路是曲折的，但前景势必是光明的。

2.1 企业力量是人工智能的"隐形推手"

当前，由于人工智能技术的火热发展，各大科技巨头纷纷试水人工智能领域。大数据、云计算、深度学习的进步也为人工智能的发展提供了技术支持。这些都是人工智能发展的机遇。

2.1.1 科技企业入驻 AI 领域

在人工智能火热发展的当下，众多科技企业纷纷入局人工智能领域，寻找新的发展机遇，这无疑促进了人工智能的发展。例如，国内的百度、腾讯、阿里巴巴、京东、顺丰、碧桂园、科大讯飞、商汤科技、海康威视、华为、小米等公司都在人工智能领域进行了布局。

百度 CEO 李彦宏曾这样定义百度："今天的百度已经不再是一家互联网企业，而是一家人工智能企业，整个企业一切以 AI 为先，一切以 AI 思维指导创新，AI 是百度的核心能力。"

百度集团总裁兼 COO 陆奇也谈到："我们正在进入人工智能的时代。人工智能的核心技术是通过数据观察世界，通过数据抽取知识，而这些技术对每一个传统行业都有很大程度的提升。"

当谈到百度布局 AI 战略时，陆奇提到，在 AI 领域，百度的核心是打造百度大脑。此外，百度会以 AI 核心技术打造新的业务。例如，以人工智能、大数据、云计算技术为支撑的百度云业务。同时，百度还推出智能金融服务业务、无人驾驶业务和智能语音业务等。

除了百度，腾讯也积极进行 AI 战略布局。借助亿万用户的海量数据和自身在互联网垂直领域的技术优势，腾讯广泛招揽全球范围内的顶尖 AI 科学家，在机器学习、计算机视觉、智能语音识别等领域进行深度研究。

目前，腾讯在 AI 领域已经孵化出机器翻译、智能语音聊天、智能图像处理和无人驾驶等众多项目。在智能医疗领域，腾讯觅影能够借深度学习技术，辅助医生诊断各类疾病。由此可见，腾讯在医疗领域利用人工智能也取得了不错的成绩。

2.1.2　Google：坚定地走人工智能道路

自从 Google（谷歌）发布"人工智能先行"战略后，其走人工智能的道路就愈发坚定。至今，谷歌公司先后推出谷歌助理、手机、耳机和智能音箱等多款人工智能产品，构建自有的人工智能生态体系。并且，在特斯拉等公司不断发出人工智能威胁论的大环境下，谷歌依然专注于该技术的全新算法与应用，利用前沿的科技来解决实际生活中的问题。

下文将分析谷歌在人工智能领域的发展理念。

1. 人工智能 + 软件 + 硬件

目前，谷歌想要构建的就是生态体系，其中重要的一点就是要让各成分进行有机融合。因此，谷歌将人工智能与软件、硬件相结合发展。

在软件方面，谷歌结合了人工智能技术。例如，谷歌云端相片集，就利用图像识别技术，将用户照片自动分类；谷歌地图可以通过道路、街景的数据，采集更多相关地区的详细数据；谷歌邮箱在收到邮件之后，智能系统会给用户提供回复建议；YouTube 则是通过机器学习给视频自动加上字幕；谷歌翻译可以利用神经网络进行机器翻译等。

在硬件方面，谷歌先后发布了很多硬件产品，包括智能音响、智能笔记本、智能手机、Google、Pixel、Buds 耳机等，这些新型硬件都与 AI 有关，同样凸显了谷歌在人工智能领域从软件向硬件领域进军的野心。

2. 专注现实问题的研究

深度学习也是谷歌在人工智能领域的研究重心之一。谷歌认为，编写能使机器自主学习变得更加智能的程序，要比直接编写智能程序进步更快。

但是，随着人工智能的深入发展，人们始终担忧计算机取代人类，英国著名物理学家霍金甚至对人工智能发出过警告。但谷歌始终认为，这种担忧在目前阶段是没有必要的。他们认为，人类应该着眼于解决眼前的问题。这也是谷歌在人工智能领域的三大目标之一——解决人类面临的重大挑战。

目前，谷歌正在利用人工智能与深度学习解决医疗保健能源、环境保护等问题。例如，谷歌医疗团队与世界各国的一些医院合作开发一种工具，它可以通过深度学习帮助诊断糖尿病所引起的眼部疾病等。

3. 潜心研究，广纳贤才

目前，全球有很多国家与企业都对深度学习感兴趣，也有很多企业是非常有实力的。但发展人工智能，无论国家还是企业，都需要分阶段、务实地进行研究。因此，在世界范围内，一些公司都在招揽相关人才，这也直接导致人才储备的竞争。在人才储备方面，谷歌并不担心竞争对手，他们只关心自己的研究，他们还将继续在上海、北京招聘人工智能相关人才。

人工智能领域需要贤才，而技术和人才一起发力，能够催生新的行业。虽然目前人们可能想象不到将会出现什么行业，就如在十年前，也没有人能够想到新媒体行业的出现。所以，人类应期待人工智能带来的惊喜。

2.1.3　Facebook：研究图像识别与更名为"Meta"

人工智能发展领域，Facebook（脸书）在图像识别方面取得的成绩非凡。目前，Facebook 开发出三款人工智能图像分割软件，分别是 DeepMask、SharpMask、MultiPathNet，这三款软件相互配合完成图像识别分割处理技术。首先，图像被输入 DeepMask 分割工具；其次，被分割的图像通过 SharpMask 图像工具进行优化；最后，通过 MultiPathNet 工具进行图像分类。

高端的智能图像分割技术不仅能够精准识别图片或视频中的人物、地点、目标实体，甚至能够判断它们在图像中的具体位置。为此，Facebook 还使用人工智能中的深度学习技术——利用大量的数据训练人工神经网络，不断提高该流程对数据处理的准确性。

深度学习是全球互联网巨头竞争激烈的技术阵地。无论是前文提到的谷歌，还是百度、腾讯等，他们都投入重金，在该领域的竞技场展开激烈角逐。但对于 Facebook 来讲，在推出图像分割软件工具之前，就一直是人工智能技术的积极倡导者。同样其也在 Torch 上研发出很多功能强大的深度学习工具。

Facebook 的开发团队提到，图像分割技术对社交软件的改进意义重大。例如，平台若能够自动识别图片中的实物，将极大提高图片搜索的准确率。

在视频识别领域，Facebook 也取得了一些不错的成绩。基于深度学习技术，用户能够在查看视频的同时理解并区分视频中的物体，如动物或食物等。此项技术将极大提高视频中实物的区分功能，平台也会基于此提高推荐视频内容的准确性。

最近 Facebook 又将目光放到了元宇宙（Metaverse）上，于 2021 年 10 月更名为 "Meta"（"Metaverse" 的前缀，意为 "超越""元"）。此次更名无疑体现出 Facebook（下称 "Meta"）希望走出社交媒体的舒适圈，积极探索新领域——元宇宙。

"Meta" 的创始人扎克伯格表示，希望用大约 5 年的时间打造一家出色的元宇宙公司。他还宣布 "Meta" 已经有了一个致力于开发和研究元宇宙的团队，该团队的目标是让更多人可以接触元宇宙，将元宇宙变成一个承载数千亿美元的新兴科技行业。

扎克伯格认为元宇宙是人们可以 "置身其中" 而非仅能 "观看使用" 的互联网。简单来说，元宇宙是沉浸式的互联网。为了更好地展示元宇宙，他还制作了一个动画演示，在动画中，人们可以借助元宇宙用自己设定的虚拟人物形象与其他人互动。

"Meta" 的出现似乎在告诉人们，元宇宙已经成为科技巨头正在积极探索的方向，其发展将迎来一个非常重要的里程碑。未来，越来越多新技术会出现，世界的变化将超乎想象。

2.2　人工智能面临的挑战

目前，人工智能的发展虽然已经取得不小的成就，但距离广泛的商业落地还有很大的差距。人工智能在落地应用方面还面临着严峻的挑战。

2.2.1　商业化落地并不简单

随着人工智能越来越受到关注，人们对人工智能的要求也随之发生变化。例如，企业希望人工智能能够实现规模化落地，让消费者触手可及，为人类创造价值。

在大数据时代，企业只有提升运行效率，为人们提供更完善的服务，才能满足消费者日益增长的需求。人工智能可以帮助企业更高效地开展业务。例如，媒体网站使用人工智能系统可以进行海量推荐，从而获取大量用户。以今日头条为例，人工智能系统对今日头条获取忠实用户，起着不可忽视的作用。

然而，在目前的市场上，只有少数企业能够通过人工智能的应用获得回报。目前的状况是，人工智能暂时无法实现规模化应用落地。这一现状受三个因素影响，如图 2-1 所示。

图 2-1　影响人工智能实现规模化应用落地的三个因素

1. 成本

研发人工智能的成本很高，对不少企业来说是一个沉重的负担，只能望而却步。而且，即使企业为了研发人工智能已经投入重金，这也不是其需要付出的全部成本。在人工智能的后续运维与升级方面，企业仍需要投入大量资金。因此，除了研发成本，人工智能的运营成本也是不可忽略的一部分。

2. 安全

人工智能作为一项还在发展中的新兴科技，其技术在当前阶段并不完善。如果人工智能在应用上有了缺陷，整个系统就会出现异常，可能对消费者的安全造成威胁。由此可见，人工智能在技术实操上仍然存在风险，在某些应用上还无法保障人们的生命和财产安全。

3. 数据

数据是人工智能发展的重要驱动力，是人工智能发展水平的决定性因素。而现实中却存在数据难以获取的问题，这是许多企业需要面对的难点。企业不仅要收集大量的用户数据，也要收集、分析领域专家提供的数据。收集用户数据比较简单，只要用户同意，企业就能够在不侵犯用户隐私的前提下收集大量的用户需求数据、使用数据，甚至身份信息等。

任何领域的专家都比较稀缺，他们提供的数据信息较少，但是都非常专业。因此，企业获得这类专业信息的难度较大。

2.2.2 消费现状：消费者不了解 AI 产品

目前，很多消费者对人工智能产品的认知只停留在表面层次，还没有明确的概念，对人工智能技术知之甚少。因此，很多消费者在选择产品时，不会选择自己不了解或者了解甚少的人工智能产品，这种消费现状给人工智能的发展带来很大的挑战。

如果人工智能不能普遍应用于普通消费者的生活中，不能进入更多家庭，那么其发展空间就会缩小很多。即使人工智能的话题再火热，其发展依旧很容易变成泡沫。为什么人工智能难以进入更多家庭？原因主要有以下三个，如图 2-2 所示。

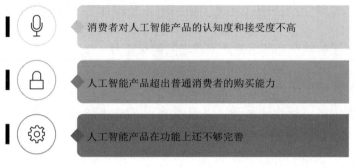

图 2-2　人工智能产品难以走进更多家庭的三个原因

1. 消费者对人工智能产品的认知度不高

Weber Shandwick（万博宣伟）曾经发布过一份与人工智能相关的调查报告，该报告面向中国、美国、加拿大、英国和巴西 5 个国家的 2 100 名消费者进行调查，主要调查内容是对人工智能的看法和前景预测。调查结果显示，消费者对人工智能产品的认知度不高，如图 2-3 所示。

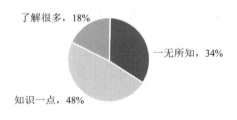

图 2-3　消费者对人工智能产品的认知度

如图 2-3 所示，接受调查的消费者中，有 18% 的消费者对人工智能产品"了解很多"，有 48% 的消费者表示"知道一点"，有 34% 的消费者对人工智能产品"一无所知"。根据调查结果可知，真正了解人工智能产品的消费者并不多，而对于不太了解人工智能产品或者对人工智能产品一无所知的消费者来说，他们更不太可能为人工智能产品消费。

2. 人工智能产品超出普通消费者的购买能力

人工智能产品能够给消费者带来高品质生活，这对普通消费者是十分有诱惑力的。但由于研发人工智能产品的成本较高，使其售价远远超出了大部分消费者的购买能力。因此，人工智能产品对于普通消费者来说，仍然是触不可及的高端产品。

3. 人工智能产品在功能上还不够完善

任何产品想要得到消费者的认可，就必须满足消费者的需求。同理，人工智能产品要根据消费者的真正需求进行设计，为消费者提供完善的服务，才能真正打动消费者。然而，目前市场上很多人工智能产品虽然拥有一些强大的功能，但实用性不是很强。于是，人工智能产品就成了"叫好不叫座"的代表。

基于以上原因，人工智能产品难以走进更多家庭。但不可否认的是，人工智能产品的价值是不可替代的，发展前景也是很广阔的，甚至会影响时代的发展。

2.2.3 行业障碍难以跨越

融入人工智能技术已经是大多数行业的发展趋势，随着人工智能技术的发展，各行各业都要将其融入产品中。人工智能被众多行业所期待，目前却难以跨越行业障碍，难以渗透到各行各业中。

例如，To B 领域就是目前人工智能技术难以突破的重要领域。To B 领域即 To B 端，是企业与企业之间的一种商务模式。在交易过程中，甲、乙双方的主体都是企业。To B 领域是人工智能的一个主攻应用场景，但从人工智能目前的发展来看，人工智能想要突破 To B 领域的障碍，还有很长的一段路要走，其原因有三个，如图 2-4 所示。

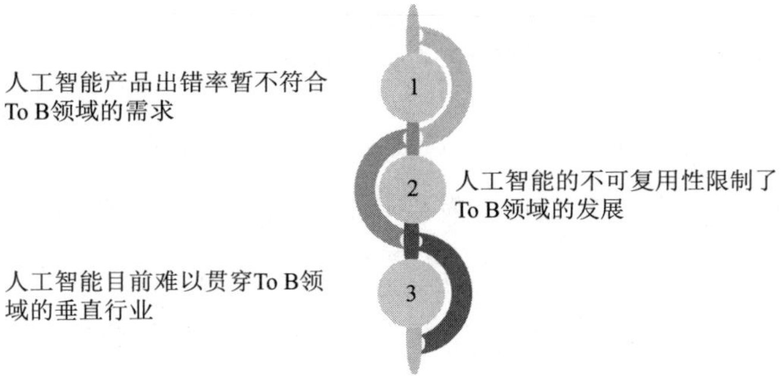

图 2-4　人工智能在 To B 领域的障碍

人工智能产品出错率暂不符合
To B领域的需求

1

2　人工智能的不可复用性限制了
To B领域的发展

人工智能目前难以贯穿To B领
域的垂直行业

3

1. 人工智能产品出错率暂不符合 To B 领域的需求

"只要技术足够先进，就能在市场上所向披靡。"这是很多企业家在经营时所信奉的原则。然而，在深入了解 To B 领域后，这个固有的想法必然会被打破。对于大部分 To B 企业来说，先进的技术固然重要，但是还有比技术更重要的其他因素，如产品的稳定性、产品是否能有效地支撑更大的用户规模等。

此外，对于 To B 企业来说，因为产品出错而要替换或者整改流程，远比给消费者更换一个产品更加困难。大多 To B 企业的产品，都连接着一个大型后台。如果想要更换产品或者整改流程，就会涉及 To B 企业的很多部门。这不仅影响系统流程的协同发展，还不利于后台整合。因此，To B 领域非常需要一个试错成本低、稳定性强、能够支撑大规模用户的产品。

2. 人工智能的不可复用性限制了 To B 领域的发展

To B 领域是企业与企业间的交易，交易量庞大，需要有一种先进的技术对其业务进行量化和复制。而因为其不可复用性，人工智能无法在 To B 领域普及，To B 企业操作起来仍然要经过大量的程序，导致人工智能难以渗入该领域。

3. 人工智能目前难以贯穿 To B 领域的垂直行业

To B 企业需要完整的解决方案，这就要求人工智能要贯穿整个垂直行业。但是，人工智能目前发展得还不够成熟，无法做到垂直整合，无法串联 To B 领域的整个产业链。不仅如此，To B 领域的很多数据都难以应用于人工智能，这使人工智能在 To B 领域面临极大挑战。

人工智能技术发展日新月异，但是目前仍有很大的不足。To B 领域作为人工智能技术重要的应用场景，对人工智能的需求是紧迫的，这就要求人工智能尽快建立独特的商业模式，突破行业障碍，从而在 To B 领域大展身手。

2.3 企业如何利用 AI 背后的商机

AI 经过近 70 年的沉浮，如今已经开始融入人们的生活。在 AI 时代向我们走来之际，构建应用场景、把握关键要素成为实现 AI 商业落地的重要举措。企业现在作为推动 AI 发展的强大力量，需要充分挖掘 AI 背后的商机，使 AI 尽快实现商业落地。

2.3.1 积累足够多的有效数据

AI 如今发展势头惊人，犹如火箭一般一飞冲天，而海量的数据无疑就是 AI 的燃料，支撑着 AI 高速运行。AI 如果没有数据作为运行基础，算法和模型设计得再好也毫无作用。因此，AI 能否成功实现商业落地，在很大程度上要依赖数据，特别是 AI 如今还处于深度学习状态，数据就是 AI 深度学习的基石。

因此，每一个 AI 项目在实施之前，都需要针对数据的完善程度对数据基础进行评估。评估标准可参考数据完善程度的五个等级，如图 2-5 所示。

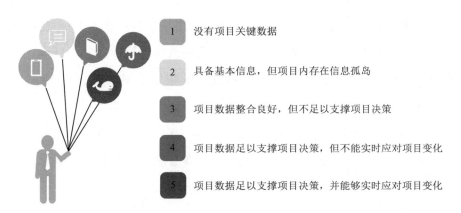

1	没有项目关键数据
2	具备基本信息，但项目内存在信息孤岛
3	项目数据整合良好，但不足以支撑项目决策
4	项目数据足以支撑项目决策，但不能实时应对项目变化
5	项目数据足以支撑项目决策，并能够实时应对项目变化

图 2-5   AI 项目数据完善程度的五个等级

如果企业的数据完善程度较低，如企业处于"没有项目关键数据"这一级，那么企业应该及时收集数据打好基础，而不是一边实施 AI 项目一边完善关键数据，这样很容易让项目偏离原来的发展轨道，离实现商业落地的目标越来越远。

按常理来说，互联网行业每天都要与数据打交道，其数据的完善程度是最高的。然而，数据不仅需要较高的完善程度，还要形成海量信息，才能为 AI 发展提供足够的依据。

互联网技术的发展有目共睹，很多互联网企业也在发展过程中累积了大量数据。众所周知，互联网行业在数据挖掘和使用上是远超其他行业的。因此，互联网行业成了 AI 关注的重中之重。

但事实上，那些被 AI 忽视的传统行业，比如，教育、航空和能源领域等，蕴藏了海量的数据信息。由此可见，AI 在传统行业中可以获取的数据将是无限的。但是，放眼望去，互联网行业面对 AI 跃跃欲试，而传统行业对 AI 的发展并没有过多重视。传统行业对于 AI 就像一个巨大的数据库，却没有被充分利用。

不仅如此，AI 在传统行业中的发展潜力也十分巨大。AI 想要实现商业落地，传统行业是其必不可或缺的应用场景。因此，AI 想要实现商业落地，获得更多的数据，应该想方设法改变传统行业的发展观，并将 AI 技术应用到传统行业中。而传统行业依靠自身数据，与 AI 技术进行深度结合，可以有效开展核心业务，提高工作效率。

利用 AI 技术和数据，传统行业可以发生巨大转变，而 AI 也可以尽快实现商业落地。因此，如何对接传统行业并获得海量数据，从而实现商业化落地，这是 AI 企业需要重点考虑的问题。

2.3.2　引入可以提高效率的算法

"随机模拟""机器学习""深度学习""迁移学习"等，在近两年里，大家无论是在论坛、会议，还是其他渠道，都会不时看到上述的词汇。这些词汇其实都指向一个方向，即 AI。细分起来，这些词汇都属于推动 AI 发展的一个重要因素——算法。

当然，很多人对算法这个概念不理解。接下来介绍 AI 在实现商业落地的过程中经常使用的四种算法，如图 2-6 所示。

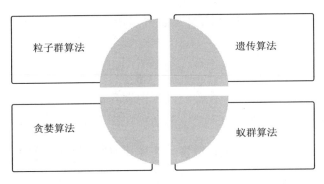

图 2-6　AI 实现商业落地经常使用的四种算法

1. 粒子群算法

粒子群算法（Particle Swarm Optimization，PSO），从随机解出发，寻找最优解。适应度是其评价解的品质的重要标准。粒子群算法的计算精准度高、实现概率大，在 AI 算法中经常被用到。

2. 遗传算法

遗传算法也是进化算法之一，这种算法的表现方式通常是模拟。遗传算法在 AI 中的应用主要是解决搜索问题，可以用于各种通用问题。遗传算法具有自组织、自适应和自学习性，它通常都会利用进化过程中所获取的内容自行组织搜索。而在组织过程中，适应度强的个体才有可能生存下来，从而得出更适应的基因结构。

遗传算法实现了 AI 系统首次的自主编程。要知道，让 AI 实现自主编程是 AI 领域长期以来的目标。由此可见，遗传算法对促进 AI 发展、实现 AI 商业落地起着很重要的作用。

3. 贪婪算法

贪婪算法与上面两种算法不一样，它只用于快速得到较为满意的解，不追求最优解，从而为技术人员节省大量时间。

4. 蚁群算法

蚁群算法源于蚂蚁在寻找食物过程中发现最短路径的现象。蚂蚁能发现蚁窝与食物之间的最短路径，采取的方法就是所有成员都要以蚁窝为中心点，在附近区域进行地毯式搜索。在离开蚁窝发现食物的过程中，蚂蚁选择 A 路线；在寻找到食物后，蚂蚁回去的路线是 B 路线。经过两条路线的对比，蚂蚁就会发现哪一条路线比较短，从而选择最短路径。

在 AI 实现商业落地的计划中，蚁群算法可以应用于很多场景。例如，AI 在交通管理中，通过蚁群算法，可以有效解决车辆调度问题。

通过算法，AI 企业可以得到更好的发展场景，在这些场景中实现商业落地，从而获得更广阔的市场规模。

2.3.3 提升服务能力，用科技点亮生活

科技发展的最终目的不是向人展示科技的"高大上"与神秘感，而是要用科技点亮生活，要用神秘的科技为人类的发展服务。人工智能是现阶段人类科技的最新成果，如果仅仅局限于 Alpha Go 这个层面，只会下下围棋，那么这只是弱人工智能（Weak AI）。

人工智能发展的理想目标是：智能机器人能够帮助我们做繁重的体力劳动或程序琐碎的工作，这样我们就可以从事更加富有创造力的工作；智能机器人能够理解我们的真实意图，能够与我们进行交互、沟通；能够打破语言障碍、视觉障碍与理解障碍，切实解决生活中存在的问题。在未来社会，我们能够与智能机器密切合作，做到"人机"和谐相处。

这里以 Cogito 公司研发的 AI 客服软件为例，讲述 AI 服务力提升

的巨大效果。乔希·菲斯特和麻省理工学院的人类动力学专家桑迪·彭特兰共同创建了 Cogito 公司，研发了 AI 客服软件。在服务场景中，软件会以"顾问"的身份提醒客服人员如何更好地与客户交流。

AI 客服软件借助机器学习技术和大数据技术，能够帮助客服人员高效分析客户的情绪波动。AI 客服软件分析的并不是人们沟通的内容，而是沟通的音频。AI 客服软件通过智能分析客户的音频，及时提醒客服人员，调节自己的语速或者语调，更好地回答客户的提问，提高客户的满意度。客户满意度的提升，也会使客服人员有更大的工作热情。

总之，AI 客服软件既提升了顾客的满意度，也提高了公司的服务效率，达到双赢的效果。因此，提升服务力的 AI 才会更好地促进社会进步。

2.3.4 积极做数字化转型，迎接 AI 时代

近日，我国针对数字化转型，陆续出台各项政策，致力于将数字化转型变成社会经济的重要增长点。2021 年，《中华人民共和国国民经济和社会发展第十四个五年规划和 2035 年远景目标纲要》（以下简称《十四五规划纲要》）正式发布，数字化转型再一次掀起浪潮。

例如，《十四五规划纲要》第二篇第五章要求提升企业技术创新能力，具体内容有：完善技术创新市场导向机制，强化企业创新主体地位，促进各类创新要素向企业集聚，形成以企业为主体、市场为导向、产学研深度融合的技术创新体系。集中力量整合提升一批关键共性技术平台，支持行业龙头企业联合高等院校、科研院所和行业上下游企业共建国家产业创新中心，承担国家重大科技项目。支持有条件企业联合转制科研院所组建行业研究院，提供公益性共性技术服务。打造新型共性技术平台，解决跨行业跨领域关键共性技术问题。发挥大企业引领支撑作用，支持创新型中小微企业成长为创新重要发源地，推动产业链上中下

游、大中小企业融通创新。鼓励有条件地方依托产业集群创办混合所有制产业技术研究院，服务区域关键共性技术研发。

第三篇第九章要求发展战略性新兴产业，具体内容有：聚焦新一代信息技术、生物技术、新能源、新材料、高端装备、新能源汽车、绿色环保以及航空航天、海洋装备等战略性新兴产业，加快关键核心技术创新应用，增强要素保障能力，培育壮大产业发展新动能。推动生物技术和信息技术融合创新，加快发展生物医药、生物育种、生物材料、生物能源等产业，做大做强生物经济。深化北斗系统推广应用，推动北斗产业高质量发展。深入推进国家战略性新兴产业集群发展工程，健全产业集群组织管理和专业化推进机制，建设创新和公共服务综合体，构建一批各具特色、优势互补、结构合理的战略性新兴产业增长引擎。鼓励技术创新和企业兼并重组，防止低水平重复建设。

在政策的支持下，又得益于人工智能、大数据、云计算、物联网等前沿技术的成熟，企业应该将重心放到数字化转型上。发展至今，以人工智能为代表的这些技术已经成为数字化转型的核心引擎，得到前所未有的重视，被广泛应用到各类企业中。

例如，零售企业可以借助机器学习、图像识别、自动推理等技术，让计算机自动识别产品信息，实现产品分拣、装配、结账、交付等环节的自动化，甚至无人化。此外，人脸识别技术也能有效帮助零售企业记录如性别、购买产品、滞留时长等用户信息，建立用户画像，进一步提升用户的转化率和复购率，使零售企业获得更丰厚的利润。

知名零售便利店罗森与松下电器合作，共同推出全自动收银机。利用这个智能设备，再加上智能购物篮，罗森就可以为消费者提供自助结账服务，具体操作方式如下：

（1）每个智能购物篮中都有一个扫描器，每件产品上都贴了可供扫描的 RFID 电子标签；

（2）消费者将自己想购买的产品放到智能购物篮中（需要先对产品进行扫描），智能购物篮会将产品信息（如价格、数量、规格等）记录下来；

（3）罗森的全自动收银机上有一个狭槽，消费者只要把智能购物篮放进这个狭槽中，产品总价就会在屏幕上显示出来，然后，消费者可以选择自己喜欢的方式进行付款；

（4）消费者只要完成付款，智能购物篮底部就会自动打开，产品会跌落到已经准备好的购物袋中并自动升起。此时，消费者就可以取走自己购买的产品。

全自动收银机和智能购物篮具备一定的无人零售属性，是罗森实现数字化转型的强大动力。除了推出全自动收银台和智能购物篮，罗森还推出夜间无人值守结账服务，现在这项服务已经正式投入使用。消费者只要在手机上安装一个应用程序就可以在罗森进行自助购物。这样消费者在结账时就不需要排队，罗森也不需要在夜间安排工作人员值班。

在 AI 时代，教育系统也与零售企业一样，需要进行数字化转型。例如，教育机构可以通过语音识别、文字识别等技术对各类信息进行收集、分析和整合，实现大规模的计算机阅卷。不仅如此，纠正发音、在线答疑等工作也可以交给人工智能完成。这也在一定程度上解决了教师资源分配不均衡、补习费用高昂等一系列问题，也为学生提供了更便利的学习方式。

而物流企业则可以引进人工智能，对货物数据进行智能分析，自动生成资源配置的最优方案，进一步打造灵活、多变的动态运输网络，实现对整个运输流程的自动化与智能化改造，全面提升货物的运输效率和运输质量。

随着人工智能的普及和政策的支持，越来越多的企业已经认识到进行数字化转型的重要性。与此同时，人工智能对数字化转型的推动作用也在持续增强。未来，人工智能将像互联网一样融入各行业，帮助企业实现服务体系与价值体系的创新，进一步推动企业发展。

2.3.5　无人驾驶：企业不可忽视的商机

无人驾驶，顾名思义，是指在无人为干预的情况下实现汽车驾驶。这听起来似乎有些荒诞，但谷歌旗下的实验室已经实现该技术并且测试行驶的距离达到近 50 万公里（最后 8 万公里路程无任何人为干预）。

无人驾驶似乎是十分高端的技术，但事实上其面对的驾驶问题和人类驾驶汽车时是一样的，不同的是决策者从人变成了机器。具体的驾驶问题如图 2-7 所示。

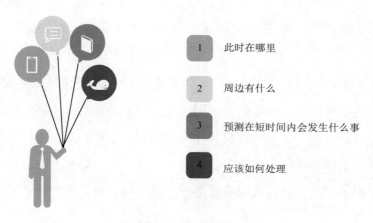

1	此时在哪里
2	周边有什么
3	预测在短时间内会发生什么事
4	应该如何处理

图 2-7　驾驶问题

1. 此时在哪里

这个问题不是简单的 GPS 定位问题，而是综合地点、路况、当地交通规则和道路特性等各因素的问题，是一个需要整合地图和实时道路信息的综合问题。人工驾驶员是依靠 GPS 给出的路况播报或读取当地路标指示解决该问题；无人驾驶则是靠 GPS 和传感器给出的实时路况信息解决该问题。当然，人工智能在其中也发挥了很大作用。

2. 周边有什么

对周围的行人、非机动车、机动车、障碍物等的辨识，人工驾驶员通过肉眼就可实现；无人驾驶则通过汽车的传感器和智能设备不断对周围事物进行扫描感知事物的存在状态。

3. 预测在短时间内会发生什么事

获得综合路况信息后：人工驾驶员通过经验判断接下来会发生的事情；无人驾驶则通过人工智能技术对路况信息深度学习后具有的预判能力解决该问题。

4. 应该如何处理

对可能发生的事作出预测后，人工驾驶员会根据驾驶经验选出最优驾驶方案；无人驾驶也是如此。不同之处在于，发出决策的对象从人脑变成了人工智能的精确算法。

由此可见，无人驾驶的流程本质上与人工驾驶的流程相同，只是核心部位从人脑换成了人工智能技术。在无人驾驶方面，谷歌是当之无愧的先行者。全球首次全自动驾驶路测由谷歌旗下的实验室实现，后来谷歌又进一步研究无人驾驶，推出基于无人驾驶的打车服务。

以谷歌为代表的各大科技巨头纷纷在无人驾驶领域投入资金。该技术能够获得大众青睐不仅凭借自身的新奇、有趣，还由于它能够带来更好的交通效益、社会效益和人机关系。

无人驾驶的交通效益主要体现在交通安全性方面。研究显示，94%

的交通意外是由人为操作失误造成的，其中包括酒驾、疲劳驾驶等。无人驾驶不需要人为操作，从根本上减少了此类事件的发生。

无人驾驶的社会效益体现在减少人工驾驶带来的经济损失方面。根据调查显示，每年交通事故带来的经济损失高达 5 940 亿美元。无人驾驶通过减少交通事故，大大降低了这部分经济损失。

无人驾驶在人机关系方面的优势表现在降低不适宜驾车人群的比例。例如，通过降低视力不佳人士和年长人士的驾车比例，无人驾驶大幅度降低了安全隐患，为大家提供更安全的社会环境，极大地提高了交通安全性。

根据 KPMG（毕马威）的评估数据，到 2030 年，无人驾驶可以使全球车祸死亡人数降低 25%。而英特尔的报告得出结论：无人驾驶汽车的市场规模将在 2050 年达到 7 万亿美元。这意味着，无人驾驶有着极为巨大的市场潜力，对于广大企业来说是不错的商机。

作为新兴技术，无人驾驶绝不是毫无用处的技术幻想，而是具有明确市场需求和发展潜力的新兴产业。人工智能在无人驾驶技术的延伸，一定会给人们的生活带来更多便利。

第 3 章

AI 创新：技术融合是趋势

正处在热潮中的人工智能不断渗入人们的日常生活，但在发展的过程中，它并不"孤单"。人工智能的发展往往伴随着其他技术的融合，借助其他成熟的技术，人工智能瓶颈的突破也一定会提前到来。在前沿技术中，与人工智能融合最广泛的有大数据、云计算、5G、区块链等。下面将分别介绍人工智能与这些技术之间将会碰撞出怎样的火花。

3.1　人工智能融合 5G 与 6G

在全球范围内，人工智能正处在第三大热潮中，无论企业还是投资界都在努力追赶这个热潮，换句话说，人工智能已经站在强而有力的风口之上。但是，人们将目光聚焦人工智能的同时，也不应忽略 5G、6G 在人工智能未来发展中起到的至关重要的作用。

3.1.1　AI 背后的网络自治化与智能化

现阶段，5G 网络正在全球范围内展开火热的部署。与 4G 网络相比，5G 网络在数据传输速度、效率、时延等关键性指标上都有了质的提升。5G 时代的到来，将支撑更加丰富的应用场景，但同时也给运营商们带来了更大的挑战。

为了直面挑战，运营商们应加快运维模式的革新速度，提高网络智能化能力。因此，人工智能对移动网络的融合是 5G 发展的一个必要趋势。将人工智能技术引入移动网络中，是在为 5G 时代的到来铺就基石，其中最重要的层面是，人工智能不仅可以让移动网络具备高自动化能力，还可以驱动其自闭环和自决策能力，即实现智能自治网络。

5G 智能自治网络需要基于云计算，构建人工智能和大数据引擎。在不增加网络复杂性的基础上，为了实现智能自治网络的目标，运营商需要在网络架构上制造分层。从部署位置来看，越是上层，数据就越集中，数量越多，跨领域分析能力越强。部署位置越是下层，则越接近客户端，专项分析能力越强、时效性越强。智能自治网络需要基于"分层自治、垂直协同"的架构来实现。

罗马不是一天建成的，建设真正的智能自治网络也是一个长期的过程。目前，全球运营商都已展开人工智能应用的深入探索，在流量预测、基站自动部署、故障自动定位等方面的优秀案例不断涌现。但人工智能在移动网络中的应用，也同样存在挑战。

由于智能自治网络的业务流程与运营商的业务价值直接相关，因此，运营商需要重新根据自身的组织架构、员工技术等限制因素制定工作流程，并权衡成本、评估潜在价值，最终确定核心的智能自治网络场景。

人工智能驱动网络自治是 5G 时代的大趋势，它将给移动网络带来根本性的变革。网络将由当前的被动管理模式，逐步向自主管理模式转变。人工智能、5G 与物联网是全球移动通信系统协会提出的"智能连接"愿景的三个核心要素。其中，人工智能与 5G 的融合发展，将给移动网络注入新的技术活力，并能促进这个愿景的真正实现。

在现实生活中，通过产业间的高度协同，人工智能和移动网络这两项技术已经改变了全球人们的生活方式，而它们之间的交汇、融合，必将重塑人类的未来。

3.1.2　人工智能的短板由 5G 弥补

提到 5G，很多人都会联想到人工智能、大数据、物联网等技术，5G 的普及势必会推动这些技术的发展。由于人工智能技术具备深度学习能力，能对其所存储或收集到的数据进行整理、分析，并在这一过程与结果中吸收知识、经验以提升自己。因此，5G 对数据的高效传输，有助于人工智能的快速升级与发展。

随着互联网技术的普及，网民数量也在持续上升。而网民的信息也大多被掌握在很多科技服务企业手中。然而数据规模逐渐庞大的同时，数据传输与存储的压力也会随之变大，特别是在人工智能技术应用方面，对于数据传输和处理有着更为严格的要求。因此，5G 网络通信对人工智能的发展尤为重要。

作为第五代移动通信技术，5G 具有高传输速率、大宽带与低时延等优势。而人工智能在 5G 的影响下，也能够提供更快的响应、更优质的内容、更高效的学习能力和更直观的用户体验。可以说，5G 弥补了以人工智能为代表的新型技术发展中的短板，成为驱动前沿科技发展的新动力。

3.1.3　人工智能与 5G 共同升级设备

随着无线网络的普及，人们越来越依赖无线网络，用无线网络学习和工作。但无线网络是固定的，难以满足人们移动的需求，给人们的学习和工作带来了诸多阻碍。

而终端 AI 在无线设备连接方面的应用将大大提高网络的灵活性，也为网络设备管理提供了便利。传统的"人随网动"将随着终端 AI 的应用转变为更加灵活的"网随人动"，让其可应用于校园、企业等多个场景中。

人工智能型 AD Campus 解决方案为建设柔性的校园网系统提供了更多可能。无须对现有网络进行调整，也无须增加运营的复杂度，人和终端在校园内的移动不受网络限制，同时能大幅度地降低运营成本。

1. 应用是核心

"网随人动"需要进行大量的用户、设备和流量之间的调控，因此应用是核心。人工智能系统为不同的应用提供独立的逻辑网络，也为不同的应用提供不同的网络需求，提高资源的利用率，网络的重构率通过以下四步实现对网络的分层把控，如图 3-1 所示。

图 3-1　网络分层把控的四个步骤

（1）人工智能型 AD Campus 解决方案可以识别用户组和物联终端，对 IP 电话和视频监控系统进行识别管控。

（2）人工智能可以对不同的用户组进行分类，并根据 IP 频段的标记，实现对用户和终端的绑定，让用户在网络中具有不可更改的标识。

（3）人工智能方案能将校园网内的不同业务分隔开，在不同场景内为不同用户和终端提供网络权限。

（4）校园网络中的用户数量和终端位置发生变化，在 IP 不变的情况下，网络接入和网络策略不变。例如，当校园的人员数量增多或减少时，人工智能系统可自行调配网络。

2. IP 决定网段

IP 与用户的对应实现了人工智能系统对用户的管控，方便人和终端之间的捆绑，保障了终端的安全接入。网段、业务的联动使业务和网段之间的连接只需通过 IP 网段的控制就可达成。用户在选项中输入步骤名称就可自动完成业务，无须输入多余的口令。

3. 自动化部署

人工智能方案的自动化部署将整个网络设备进行角色化分类，实现核心层、汇聚层、接入层的统一，并将配置文件进行简化，实行简单的自动化部署模式。

4. 实现一键启动

人工智能可以实现终端资源的人性化分配，根据资源定义和用户组策略的匹配模式导出可视化界面，让用户快速掌握操作模式并提供拓扑视图，让操作更便捷。

从以上人工智能对校园系统的管控可以看出，真正实现"网随人动"的网络操作并不遥远，人工智能也在人们的生活中扮演着越来越重要的角色。

3.1.4　5G 智慧农田：5G 与 AI 赋能农业

近年来，智慧农业的概念逐渐走进人们的视野，而想要真正实现农业无人化、信息化、智能化，就需要"两条腿"，一个是人工智能，一个是 5G。智能选种、天气预测、农作物识别等都是 5G、人工智能在农业领域的应用。

农业领域一直在寻求与各项技术的融合。广东、浙江等省更是尝试将 5G、人工智能等应用于农业生产。随着技术的普及，这些尝试也终于"开花结果"。例如，广东省已经设立了多个 5G 农业试验区，几乎覆盖了全产业链；浙江省也成功地建设了 5G 智慧农田，实现了统一、集约化管理，生产效率相较于传统生产方式提高了一倍。

从设备角度看，5G 智慧农田与智慧农业没有太大差别，都采用智能机器人巡田、无人机植保、数字化信息管理等方式，最大限度地利用智能设备代替人工进行农业生产。但在设备运行上，5G 能让智能设备的运行更高速，更好地实现生产管理的实时化、精准化。

5G 的传输速度是 4G 的百倍。这样的速度可以使智能机器人、无人机的精度和稳定度进一步提升，同时也可以提高数据传输和分析的效率，对 5G 智慧农田中的农业生产进行实时、精确控制，让现阶段的农业发展得到飞跃式升级。

数据反馈只要实时同步，就能让生产、管理与销售等环节串联起来。这可以使农业信息传递得更及时、精准与畅通，也将推动市场进一步扩大。此外，5G 使智能设备的更新换代速度进一步加快，价格也逐渐降低，使越来越多的农民引进智能设备进行农业生产。

而传统的农业技术人员可以转型到更有价值的岗位，极大地节省了人力成本。而且，5G 使智能设备不再只有一种功能，许多智能设备将实现一机多用，扩大了其应用范围。农民付出跟现在同样的钱却能收获到双倍甚至更多收益，这实际上也是节约成本。

此外，5G 和人工智能还更新了农产品销售模式。传统农产品销售模式是从种植、分销再到零售，经常出现消费者觉得菜价贵，而农民不赚钱的情况。技术则可以让农产品直接在农民和消费者之间流通，省去中间环节，让二者成为主要受益人。

智慧农业是智慧经济的重要组成部分。5G 和人工智能带来智慧农业新时代，促进了智慧农业的大规模应用。在智慧农业方面，5G 和人工智能可以优化农业生产模式，帮助农民打造 5G 智慧农田，解决交易双方信息不对称的难题。

3.1.5　5G 的不足，6G 的来临

一般来说，移动通信大约 10 年就会升级一次，以推动频谱效率的提升，为新事物的发展奠定基础。4G 已经实现大范围普及，5G 也在诸多领域展现出潜能，并得到不错的应用。目前，各国正在研发 6G，积极挖掘其应用场景，这一技术未来将展现出广阔的发展前景。

6G 真正到来后，网速可以更快，可以为社会带来变革性发展，给出解决复杂问题的方案。例如，6G 可以与人工智能一起解决自动驾驶汽车的调度问题。有了 6G 网络，交通管理部门可以及时获取自动驾驶汽车的位置及道路上的障碍物等信息，从而对拥堵路段进行疏通，确保通行效率。而且，自动驾驶公交、飞行汽车等也需要 6G、人工智能、物联网等技术的支持。

在自动驾驶领域，北京作为全球数字经济标杆城市，设立了我国首个智能网联汽车政策先行区，以 6G 为基础超前构建了支持智能网联汽车道路测试、示范应用、商业运营服务的政策体系，积极开发人工智能创新应用，促进技术与实体经济融合发展。

自动驾驶领域只是 6G 发挥作用的一个案例，之后 6G 还将进一步优化，在金融市场监测与规划、突发事件预测等方面为人类提供支持和帮助。在城市公共事务管理方面，6G 也大有用处。此外，智能医疗、智能教育、智慧社区也离不开数据支撑。6G 的出现和应用将充分调动各大城市的活力，让公共事务管理变得更高效。

上述是对 6G 的发展展望。在 6G 诞生前，每个国家都有很多未知的路要走，也有很多严峻的技术挑战要面对。希望在各方的努力下，6G 能尽快与人们"见面"。

3.2 人工智能融合物联网

人工智能的火热发展，让它已经在许多领域得到应用，如金融、娱乐、版权等领域。人工智能大范围应用的背后不仅有 5G、6G 作为强大的推动力，还有物联网这一有力支撑。

3.2.1　思考：万物真的已经互联了吗

约翰·奈斯曾经在自己的著作《大趋势》里写下很多预言，《金融时报》证实，其中大部分预言都已经成为现实。约翰·奈斯说过这样一句话："你们以为我预言的都是未来，其实我只是把现状写下来。20 年来我写的都是已经发生的事，我要分析的是哪些事会长久地影响社会。"而且，他十分坚定地认为"未来构筑于现在"。

之前，万物互联的场景只能在科幻电影中看到，而如今，在"互联网 +"的助力下，这样的场景好似已经成为现实。其中，除了有海量信息在全球范围内无成本流通，还有人与人、人与物、物与物的无限自由连接。

但是，万物互联真的已经实现了吗？其实不是，一切才刚开始。未来，所有事物都会通过物联网连接起来，包括计算机、手持的仪器、眼镜、衣服、鞋子、墙等，甚至一头牛都有可能连接在物联网上。

如今，人均大概有两个移动设备，到 2040 年，每个人手里的移动设备会达上千个，大多数事物都会通过这些移动设备连接起来。所以，大部分数据都会在云终端进行存储，而云终端有着极高的处理速度和非常大的容量。

上述场景非常有吸引力。事实也证明，互联网的确正以较快的速度向万物互联进化。在这种情况下，人与人之间的连接就会变得越来越紧密，连接方式也会变得越来越多。

从人类生活的角度看，万物互联不仅实现了生活的智能化，也提升了人类的创造能力，这样人类就可以在享受高品质生活的同时作出更好的决策。

从企业的角度看，万物互联可以帮助企业获得比之前更有价值的信息。这不仅可以大幅度降低企业的运行成本，还可以帮助企业提升用户体验。

由此来看，万物互联确实拥有广阔的市场。思科提供的数据显示，2015—2025 年，万物互联在全球范围内创造的价值将达到 19 万亿美元，其中商业领域的价值为 14.4 万亿美元。但是，现在与互联网连接的事物还不到 1%，尚未实现互联的事物则高达 99.4%。这也就表示，万物互联还没有真正实现。

3.2.2 单机智能 VS 互联智能 VS 主动智能

物联网的发展是有迹可寻的，即从机器联网到物物联网，再到万物互联；物联网与人工智能融合也是有规律的，具体可以分为三个阶段，如图 3-2 所示。

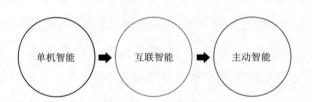

图 3-2　物联网与人工智能融合的三个阶段

1. 单机智能

在单机智能阶段，除非用户发起交互请求，否则设备与设备之间是没有联系的。换言之，设备需要感知、识别、理解用户的指令（如语音、手势等）才可以执行相应的操作。例如，传统冰箱需要转动按钮才可以调节温度，现在的冰箱已经实现了单机智能，我们只需要通过语音便可以实现温度的随意调节。

2. 互联智能

互联智能是指相互联通的产品矩阵，即"一个中控系统与多个终端"模式。例如，卧室的空调和客厅的智能音箱相互联通，共用一个中控系统。在这种情况下，当我们在卧室对着空调说"开启睡眠模式"时，客厅的智能音箱也会自动关闭。在互联智能阶段，设备与设备之间有联系，可以共同感知、识别、理解用户的指令，并执行相应的操作。

3. 主动智能

在主动智能阶段，设备就好像是用户的私人秘书，可以根据用户画像、用户偏好等信息主动提供适合用户的服务。例如，洗漱台前的智能音箱会为你播报当日的天气情况，并根据你的穿衣风格为你提供穿衣建议。这意味着设备具有自学习、自适应、自提高等多种能力，可以满足用户的个性化需求。与单机智能和互联智能相比，主动智能真正实现了设备的智能化。

主动智能是未来的发展趋势，由此产生的大规模数据分析几乎是很难实现的，而数据如果无法转化为有效信息，就没有太大的价值。在此过程中，人工智能发挥着非常重要的作用，解决了大规模数据分析的难题，使物联网得到更好的应用。

3.2.3 物联网助力人工智能实现"云"模式

物联网目前已经在很多领域得到了广泛应用，并与人工智能等技术融合，实现便捷的"云"模式。例如，在农业领域，"物联网＋人工智能"可以帮助农民更好地实现"云"养、"云"放，具体可以从以下四个方面进行讲述：

（1）远程自动控制。当智能物联系统监测到农业生产现场的某些参数，如空气湿度、光照强度、二氧化碳浓度等已经严重超标时，农民就可以通过计算机或手机对风机、卷帘机、灌溉机等设备进行"云"控制，营造一个适宜农作物生长的环境。

（2）随时掌握数据。智能物联系统内嵌监控中心，可以结合园区平面图，帮助农民随时掌握农业生产现场的各项数据，如土壤数据、气象数据等。此外，监控中心还可以对农机等设备的运行状态进行实时监控和管理。

（3）智能自动预警。农民可以根据农作物生长所需条件对智能物联系统进行预警设置。这样只要农业生产现场出现了异常情况，智能物联系统就会自动向农民的计算机或手机发送警报，如高温警报、高湿警报、强光照警报等。而且，当达到预警条件后，智能物联系统还可以自动控制农业生产现场的设备，这些设备也会在第一时间自动处理异常情况。

（4）视频图像实时监控。农业生产现场安装的视频监控设备可以全天候、不间断地观察和采集农作物生长信息，还可以将与之相关的图像进行有序存储。如果农民在农业生产现场安装多个视频监控设备，就可以对农作物进行360°全方位查看，实现对农作物生长情况的远程观察。此外，农民还可以对农业生产现场和农作物生长情况录像并随时回放。

正是因为有了上述功能，智能物联系统才可以在农作物生长过程中发挥重要作用。现在已经有越来越多的农民开始引入此系统，这也在很大程度上推动了我国农业的持续发展。

3.2.4　人工智能＋物联网将如何发展

近几年，物联网和人工智能发展比较迅猛，由新型冠状病毒肺炎疫情引发的数字化转型更是推动了二者的创新。目前，物联网和人工智能都是热门话题，人工智能将帮助物联网更智能、高效地工作，物联网则会成为人工智能应用的中坚力量。

我们不妨预测一下，如果物联网与人工智能融合在一起，那会是一番怎样的景象。

预测 1：语言学习（在家里与教练或老师沟通）

物联网和人工智能使我们在家里与教练或老师沟通，也可以跟世界各地学习该语言的人比赛。在这种情况下，学习将变得更方便、更自由。

预测 2：自动翻译耳机（无障碍的虚拟海外旅行）

在物联网和人工智能的帮助下，虚拟旅行将成为可能，我们可以充分感受当地的环境和氛围，并与当地人沟通。如果是海外虚拟旅行，我们与当地人会存在语言障碍，但随着物联网和人工智能的发展，自动翻译耳机将派上用场。未来，自动翻译耳机的翻译准确性会得到极大提高，翻译速度也会不断加快，从而让无障碍的虚拟海外旅行成为现实。

预测 3：现代化购物（在家里测量尺寸，买到最合适自己的衣服）

如果网上购物与物联网、人工智能连接，我们可以在家里测量尺寸，系统会根据我们的喜好为我们推荐"完美"的衣服，我们可以找到自己最喜欢的款式。

预测 4：运动 / 饮食（可穿戴设备和智能机器人的辅助）

在物联网时代，可穿戴设备将成为我们的教练，鼓励和督促我们进行适度锻炼。此外，智能烹饪机器人会辅助我们做出健康、美味的饭菜，这有利于改善我们的健康情况。未来，可穿戴设备和智能机器人会进入我们的生活并成为我们的助手。就像吸尘器和洗衣机让做家务变得更轻松一样，可穿戴设备和智能机器人也会为我们带来更自由、更快乐的生活。

3.3 人工智能融合大数据

在经济与科技快速发展的今天，很多人工智能应用平台都融合了大数据，这不仅给了很多创业型企业新的机遇与发展，还给很多大型互联网企业的转型提供了机会。未来十至二十年里，由大数据支撑的人工智能应用会更加普及，这将给全球范围内的各个行业带来巨大变革。

3.3.1 人工智能与大数据相辅相成

目前，无论是在企业的发展中，还是社会的应用中，人工智能和大数据都可称得上是最热门、最有价值的两项技术。这两项技术的融合速度之快令人惊叹。仅几年的发展时间，两者的结合就能为深度学习注入动能，能驱动数据库的重复积累与更新。同时，借助人类的钻研和归纳进行实验优化。

人工智能可以推动大数据行业不断向前发展，大数据行业也对人工智能有反作用，两者相互结合、相互发展，将人类的科技革命推向了智能化信息时代的新阶段。

放眼未来，人工智能技术将迎来全新的突破，它将引发人类生活的再一次变革。当前，随着大数据、云计算等技术的快速发展，基于人工智能搭建的各种生态链也逐渐成为联系当前信息技术与未来科技发展之间的重要桥梁。

大数据与人工智能的迅速发展与快速融合，将深刻地改变人类社会，并成为各国经济发展的新引擎、国际竞争的新焦点。

3.3.2　为行业带来新机遇

人工智能与大数据的融合发展是大势所趋，这一趋势也将为全球带来新的行业与新的机遇。未来，大部分的行业都将随着二者的融合而转型、升级，诞生更多的产业与商业模式，并且会广泛应用于教育、医疗、环境、城市规划、司法服务等领域。伴随着对未来的期待，下文将详细介绍，大数据与人工智能的融合是如何逐渐渗透到人类社会生产与生活中的。

从人工智能与大数据的融合阶段来看，目前它们正处于爆发性增长的阶段，这给众多企业与投资商带来了发展机遇。同时，随着企业与新兴产品数量的不断增长，这两项技术也在各个领域不断渗透。以我国为例，我国的人工智能产业相较于国际，基础建设、教研与科研建设正处于迅猛发展阶段。因此，我国政府与企业需要积极培养高科技人才、完善人工智能技术，以技术驱动改变现状才是长期发展的关键。

根据我国信通院发布的数据，我国人工智能企业大多分布在视觉、语音和自然语言处理等领域，其中，视觉占比高达 43%，语音和自然语言处理共占比 41%。在目标市场中，"人工智能 +"也是传统企业转型升级所关注的重点。

总而言之，在人工智能技术的发展以及百度、腾讯等巨头的带领下，我国各个企业都争先依据自身的数据优势布局人工智能产业，以提高企业竞争力、抢占大量的市场份额。

在国际范围内，人工智能与大数据的融合影响也极大。麦肯锡报告预测，该项目的融合可在未来十年内为全球 GDP 的增长贡献 1.2 个百分点，为全球经济活动增加 14 万亿美元的产值，其贡献率可以与历史上任何一次工业革命相媲美。

3.3.3 ImageNet："洪荒之力"是如何练成的

ImageNet 是由斯坦福大学的 AI 专家李飞飞与其团队共同打造的。它是世界上最大的图像识别数据库，是一个 AI 视觉识别系统。它功能强大，能够智能识别图片中的物体。如果将它用在智能机器人身上，机器人就能直接辨认出物体与人类，更智能地了解整个世界。

李飞飞一直致力于 AI 视觉的研究。起初，李飞飞与她的团队用数学的语言帮助计算机"理解"图片。例如，他们通过数学建模的方法，将猫的特征（圆圆的脸、胖胖的身体、两只尖尖的耳朵、一条尾巴）输入计算机中，但由于描述过于笼统，计算机仍然不能识别。

此外，如果小猫换了一个姿势，计算机也不能够识别出来；如果有一只小狗在追逐小猫，计算机视觉就更容易混淆这两种动物。可是，2~3 岁的儿童却能够很好地区分这两种动物，也很容易记住很多其他动物。

经过仔细分析，李飞飞团队认为，AI 视觉能力的提升离不开海量的训练数据。因为儿童的视觉识别能力是父母和周围的人不断训练的结果。因此，李飞飞团队与普林斯顿大学的李凯教授合作，进行 ImageNet 项目的研发。

为了使 ImageNet 项目达到良好的效果，团队成员从互联网上下载了上亿幅多元的图片。同时，他们又用了 3 年的时间对图片进行加工处理。在这 3 年里，他们一共邀请来自 167 个国家的 5 万名工作者，进行互联网图片的筛选、排序和标注。经过周密的部署与数据统计，他们将这些海量的数据分为 22 000 个图片类别，建成了一个超级图片数据分析库。

此后，李飞飞与她的科研团队又重新利用算法优化处理这些海量的图片数据资源。最终，使 ImageNet 智能图像分析平台能够精准地识别出物体。

ImageNet 是 AI 视觉发展的根基。如今，许多智能设备都具有图像识别的功能。例如，百度网盘具有强大的图片识别功能，可以智能地将用户上传的图片进行分类整理。用户在使用产品时，就会感到轻松、便捷。ImageNet 给人们生活带来便利，为生活增添美感与趣味。

3.4 人工智能融合云计算

云计算与大数据、人工智能的结合，将前沿技术应用到人们的日常生活中。科技的进步与终端设备的发展，将推动全球走向基于人工智能技术、实现万物之间交互和决策的"万物智联"时代。这就需要一个可以提供强大计算能力、存储能力与数据分析能力的中枢，帮助人类实现目标，而云计算便是具备这些能力的天然载体。

3.4.1 演变进程：CPU → GPU → FPGA → DPU

AI 的发展离不开云计算能力的提升，云计算能力的提升又离不开硬件性能的提升，特别是芯片性能的提升。目前，根据云计算，芯片的主流发展模式是利用人工神经网络技术模仿大脑的功能。化繁就简，到目前为止，芯片共经历了四次演变，如图 3-3 所示。

图 3-3　芯片的四次演变

在执行任务的过程中，CPU（中央处理器）一次只能够处理一个数据，所以不能跟上 AI 的发展步伐。而且，传统的 CPU 不适合 AI 算法的执行，因为 CPU 的计算指令只是简单地遵循串行执行的方式，不能够充分发挥芯片的潜力。在 AI 时代，我们必须改进 CPU 的性能或者创造新型的智能芯片，才能够让计算机拥有超强的云计算能力。

GPU（图像处理器）的问世有效地弥补了 CPU 的不足。因为 GPU 存在多个处理器核，拥有更多的逻辑运算单元，所以能够同时处理多个复杂的数据。因此，同样的程序在 GPU 系统上的运行速度就会提高百倍，甚至千倍。而且，GPU 具有高并行结构，在处理图形数据和复杂算法方面拥有比 CPU 更高的效率。

FPGA（现场可编程门阵列）是对 PAL 等可编程器件的完善与发展。在 FPGA 内部，包含海量的、重复的 CLB（可配置逻辑模块）和布线信道等单元。这种设计使得 FPGA 的输入与输出不需要大量的计算，仅通过烧录好的硬件电路，就能够完成对信号的传输。

因此，FPGA 能够有效提升计算完成任务的效率与精准性。FPGA 的功耗比能够达到 CPU 的 10 倍，是 GPU 的 3 倍。功耗比的优势源于 FPGA 中没有去指令和指令译码操作，这些操作会增加 CPU 和 GPU 的功耗。此外，FPGA 具有高度的灵活性，为云计算功能的实现和优化留出了更大的空间。

虽然 FPGA 已经有较大优势，但以数据为中心的 DPU（数据处理器）还是突出重围，成为各大芯片公司的"新贵"，掀起了一股行业热潮。DPU 的主要职责是构建强大的基础设施，加速处理性能敏感且通用的工作，以更稳定地促进云计算上层业务的创新。

DPU 有很多功能可以为芯片的日常应用提供保障，如带宽压缩、安全加密、网络功能虚拟化等。而且，如果我们将其他处理器处理速度慢，甚至处理不了的工作转移给 DPU，就可以很好地提升整个系统的效率，降低整个系统的总体成本。

　　根据数据公司 Fungible 的预测，DPU 未来将达到千亿量级的市场规模。而英伟达、英特尔、亚马逊、阿里巴巴、Marvell、博通等公司都在积极进行 DPU 研发，希望不断提升自己在 DPU 领域的技术能力，以在未来占据大量市场份额。同时，这些公司的研发也会促进云计算和芯片的不断发展。

3.4.2　物联网助力云计算智能化

　　目前，我国物联网正在快速崛起，云计算也处于发展高峰期。近几年，我国云计算与物联网市场的年复合增长率分别为 39% 和 27%。然而，我们与欧美等国家在云计算和物联网技术在智能化社区的应用方面还有一定的差距，我国在此领域还处于概念设计阶段。产生这样差距的主要原因是欧美在该领域的技术研发起步较早，特别是云计算技术。我国在该领域的应用主要集中在 IaaS 阶段——硬件虚拟化的阶段，而欧美等国早已普遍处于 PaaS 和 SaaS 的应用阶段——通过云计算产生服务价值的阶段。

　　正是由于技术的应用与发展阶段不同，我国与欧美等国的智能社区发展方向也有所不同。目前，我国在该领域更强调智能单体建筑的智能化应用，而欧美则更加注重智能化社区整体功能的实现。但无论偏向于哪种智能化社区，未来要想处理海量数据、实现实时远程监控，全球智能社区的发展都离不开云计算和物联网等技术的融合与发展。

3.4.3　以英伟达为首，企业纷纷押宝 AI 芯片

　　英伟达是一家以制造高质量显卡而闻名的公司，GeForce 显卡是其

制造的最受欢迎的显卡之一。但现在，该公司的业务已经不仅仅局限于制造显卡，还致力于 AI 芯片的设计与研发，以适应人工智能的快速发展。随着人工智能的发展，即使是小型公司和初创公司也认识到这项技术的优点，开始使用这项技术帮助自己收集和分析数据。

除了英伟达，亚马逊、英特尔、微软、Meta（即 Facebook）也都制造了自己的 AI 芯片。例如，亚马逊在 2019 年发布了用于云计算服务的 AI 芯片，并收购了竞争对手 AMD 实验室；英特尔则收购了以色列 AI 芯片供应商哈瓦那实验室，进行 AI 芯片的研究。

在人工智能时代，很多设备都需要连接互联网，如洗衣机、电视、冰箱、汽车等。这些设备需要更强大、更高效的 AI 芯片才可以发挥作用。在这种情况下，一些初创公司纷纷效仿英伟达等科技巨头，希望赶上人工智能时代的发展潮流。

例如，Mythic 和 Graphcore 制造了一个与人类大脑十分相似的神经形态芯片；里弗斯研发了比普通芯片大 56 倍，被称为规模引擎的芯片。这些公司也都在推动着人工智能的发展。虽然 AI 芯片领域面临越来越激烈的竞争，但它在人工智能的发展过程中仍然占据主导地位。

3.5 人工智能融合区块链

区块链属于分布式数据存储方式，人工智能则是与数据息息相关的技术，双方都是基于数据进行运作，因此能够很好地融合在一起。区块链能够加速人工智能的智能化，而人工智能则可以更高效地管理区块链，推动区块链获得更好的发展。

3.5.1 区块链加速人工智能的智能化

人工智能与区块链都是时下的热门话题，企业若将两者结合在一起，必然会引起更广泛的关注。与前面提到的 5G、物联网、大数据一样，区块链技术也是相对基础的技术，它对人工智能的一个主要作用就是加速其向智能化方向发展。

ObEN 就将自主研发的人工智能项目与区块链融合。该公司曾经在迪拜世界区块链峰会上，凭借此项技术荣获创业大赛第一名，并获得包括腾讯、艺术购物馆 K11、韩国 SM 娱乐公司等大型企业约 2 500 万美元的投资。

那么，ObEN 是如何将人工智能项目与区块链融合并在实际应用场景落地的呢？在创业初期，ObEN 就秉持为每个人打造自己的 PAI（个性化人工智能，Personal AI）的理念着手布局人工智能与区块链的融合发展。在他们的设想中，PAI 不仅长得像使用者，说话的声音也会与使用者类似。未来，PAI 甚至还有与使用者类似的性格。

基于目前的研发阶段，该公司推出的是一个虚拟人像软件，它拥有对话、唱歌、读书、翻译、发短信、远程控制家电、提醒日程等功能。并且，该公司还以艺术购物馆 K11 的创始人为模型，发布了一个三维立体虚拟人物宣传视频，利用智能形象讲解艺术馆中的展览。在深度学习的助力下，整场讲解都用标准发音。

我国现在有一个比较成功的智能"歌手"，名叫初音未来，它以虚拟形象开过多次演唱会并大受追捧。而 ObEN 对自己在 PAI 的语音和舞蹈学习功能上大有信心，甚至在访谈中表示，PAI 在模拟人声方面将超过初音未来。同时，PAI 还可以参照系统中的舞蹈视频，根据人物主体的骨骼结构使虚拟人物准确地学习舞蹈动作。而在此之前，这一技术需在真人身上安置传感器才得以实现，如今只需用算法就可以直接学习。

ObEN 为人们展示了一款充满惊喜与乐趣的高科技产品。然而，随着算法的不断完善，云计算与大数据在信息处理方面的形势越来越严峻，其中最主要的挑战就是处理虚拟形象的版权问题。

社交行业对信任的要求极高，只有确认了人工智能背后是真实的人，用户才愿意付出时间与精力。因此，在众多与版权认证、精准溯源相关的技术中，区块链脱颖而出。ObEN 也曾尝试过其他多种认证方式，但这些方式均不具备公信力。只有区块链作为一个不可篡改、实时记录的共识网络，受到了大众的广泛认可。

总而言之，区块链可以被看作是一个诚信社区，通过端对端的实名认证，帮助每个用户确认自己的个性化人工智能仅属于自己，或者是自己在数字世界的唯一映射。这也同样证明了区块链可以为人工智能的个性化与智能化提供有效支撑。

3.5.2　打造 AI 管理区块链的新模式

区块链作为一项新技术需要得到更好的管理，这个问题是传统技术难以解决的。因此，向同为新技术的人工智能寻求帮助似乎是一个不错的选择。那么，人工智能究竟能否管理区块链呢？答案是肯定的，具体可以从以下三个方面进行讲述。

首先，人工智能可以节省区块链的消耗

现在需要处理和分发的数据越来越多，也越来越复杂。例如，一些现代化软件系统的代码行数已经达到百万级。维护这些数据不仅需要大量的软件开发人员，还需要用到大型数据中心，消耗许多能源和财务资源。

鉴于此，兰卡斯特大学的数据科学专家研发出了一款智能计算机软件，名为 REx，有时它也被称为"微型变种"。REx 能找到各种场景下

的最佳性能，为区块链处理数据提供一个全新的方式，从而大幅度减少区块链的能源需求。

其次，人工智能可以强化系统固定结构

从区块链的发展历程来看，第一代区块链是虚拟货币，虽然创造了一个分布式金融体系，但脚本语言简单，只能执行简单的转账、支付等操作。

第二代区块链是以太坊等经过优化的平台，试图通过扩展脚本、虚拟机等方式来拓展区块链的功能，如编写智能合约、研发 DApp 去中心化应用等。但是，因为以太坊是在区块链上运行的，其运算能力、存储能力和网络传输能力都还比较弱，难以让人工智能进行更高效的语义理解、机器学习。

AIC 数字资产公司通过人工智能打造第三代区块链，希望让区块链与人工智能融合在一起。一旦打造出第三代区块链，无论是能源消耗情况，还是系统固定结构的安全性，都可以得到一定程度的改善和优化。

最后，人工智能可以管理区块链的自治组织

传统的计算机虽然计算速度非常快，但反应比较迟钝。如果在执行一项任务时，计算机没有得到明确的指令，就无法完成任务。而因为区块链的加密性，人们要想在传统的计算机中使用区块链数据，就必须有强大的数据处理能力。

人工智能就具备这样的能力，可以用一种更聪明、更有思想的方式来管理区块链的任务。例如，一个破解代码的专家在整个职业生涯中成功破解的代码越多，他的工作就越高效。而且，他还可以通过机器学习获得正确的培训数据，提升自身技能。

作为一项具有创新性的技术，区块链的"去中心化"模式具有很强的可操作性。无论是在我国还是在其他国家，如果把人工智能与区块链融合起来，都会带来互联网科技革命，也能够给人们的生活带来全新的优质体验。

3.5.3　分布式智能应用商店是如何成功的

在当今"技术为王"的时代，互联网改变了传统行业，而人工智能和区块链则改变了互联网。之前为了抢占市场上的优势地位，很多技术都是由某些公司独立发展起来的，这样不利于技术的迭代和升级。然而，SingularityNET 的出现打破了这种局面，一个全新的"区块链＋人工智能"的时代即将来临。

SingularityNET 旗下有一个智能应用商店，其主要作用是将人工智能的资源集合在一起，达到共享代码和销售程序的目的。在智能应用商店中，开发者可以推广自己开发的智能商品，也可以与其他开发者在代码层面进行共享和协作。

SingularityNET 旗下的智能应用商店是以区块链为基础构建的，其数字公共分类系统将效仿虚拟货币的架构。从本质上来讲，这个智能应用商店其实是一个具备交换和共享功能的数据库，任何人都可以对里面的数据进行访问、验证、使用。正是因为有了这种公开、透明的设计，SingularityNET 才得以将黑客攻击等现象扼杀在摇篮里。

现在，很多公司都在积极研究人工智能、区块链等技术，但这些公司之间没有进行很深入的合作和交流。实际上，多方协同开发商品的方式更能推动技术的发展与进步，使各行业、各领域都可以用更快的速度实现转型、升级。

未来，人工智能与区块链需要有 SingularityNET 这样的推动者，技术的进步也需要各方一起努力，共同奋斗。当新技术出现时，应该在世界范围内共享，由各国携手研究、解决发展过程中的难题，这样才可以使人工智能引领时代新局面。

下　篇

AI 的应用场景

第 4 章

智能生活：生活更有新鲜感

网上经常会有某公司召开智能产品发布会、人工智能再次取得巨大突破等报道。在生活中，人工智能的身影也随处可见，例如，智能音箱、虚拟试衣间、扫地机器人等。人工智能已经渗入生活的许多方面，使人们的生活更加便捷、智能化。

4.1　与生活息息相关的智能产品

现在以智能音箱为代表的智能产品已经进入百姓家庭，并且不断地刷新人们对智能生活的认知，给予人们更好的体验。智能生活的发展十分迅猛，很多企业为了促进消费，提升自身竞争力，想方设法使自己的产品与智能生活挂钩。

4.1.1　智能音箱：智能生活的关键入口

Canalys 提供的数据显示，2019 年第四季度，全球智能音箱的销量增长 52%。即使在新冠肺炎病毒疫情期间，2020 年前两个月全球智能音箱的销量也增长了 13%。在智能音箱获得良好发展的同时，各大企业也纷纷加强研究和设计工作，并取得不错的成果。

智能音箱是智能生活的入口。随着人工智能的迅猛发展，功能各异的智能音箱如雨后春笋般层出不穷，并进入千家万户。现在人们都戏称智能音箱是生活中的"大玩具"。从目前的市场发展状况来看，智能音箱有四个显著功能，如图 4-1 所示。

图 4-1　智能音箱的四个显著功能

语音交互是家庭化智能音箱的基础功能。人们可以借助智能音箱进行语音点歌或者通过语言交流进行网上购物，这样的交互手段可以大幅提升交流和购物的效率。本质上，智能音箱的语音交互和 iPhone 的 Siri 功能一致。我们既可以向智能音箱寻求知识，也可以跟智能音箱开玩笑，调节枯燥的生活。

控制家居是智能音箱的硬性功能。智能音箱类似于万能的语音遥控器，它能够有效控制智能家居设备。上午当室内光线太强时，我们给智能音箱下达微调智能窗帘的指令，它就能够立即完成这一指令。冬天的夜晚，当室内的温度偏低时，智能音箱就会自动调高空调温度，使室内温度适宜。

生活服务是智能音箱的核心功能。借助智能音箱，我们可以迅速查询天气、新闻和周边的各类美食与酒店服务。此外，智能音箱还提供一些实用的功能，如计算器功能、单位换算功能以及查询汽车限号功能等，这些功能都可以方便我们的生活。

播放视听资源则是智能音箱的娱乐功能。智能音箱借助互联网，与各类视听 App 相连，我们能够以最快的速度了解最新的资讯。如果想听音乐，智能音箱会连接音乐 App，智能推送流行的歌曲，或者根据我们的需求，智能推荐曲风类似的歌曲。如果要获得有趣的内容，智能音箱会立即连接 FM 电台，为我们播放新鲜有趣的资讯和段子。

智能音箱需要不断满足用户的真实需求与核心诉求，才能真正成为智能生活领域的佼佼者。中国作为智能音箱的主要消费市场之一，发展前景比较广阔。对于企业来说，如此巨大又美味的"蛋糕"，怎能不想方设法分一块呢？

4.1.2 试衣魔镜：让你成为真正的"主角"

以往，虚拟事物只走进生活的某些方面，没有产生太大的冲击力。

现在借助人工智能，虚拟试衣间可以为人们带来与众不同的试衣体验。以"试衣魔镜"为例，它可以让人们沉浸在虚拟的画面中，为人们营造一种身临其境的感觉。

"试衣魔镜"具有虚拟试衣、体型调整、图片分享等众多功能，可以帮助你减少重复脱换衣服的麻烦。此外，"试衣魔镜"还可以让你体验不同风格、不同款式、不同颜色的衣服，让你做一回真正意义上的"主角"。

"试衣魔镜"有四大特点。

首先，快速试衣。在"人体测量建模系统"的支持下，人们只要在"试衣魔镜"面前停留三到五秒，就可以获得人体 3D 模型，以及详细、精准的身材数据。这些数据会被同步到"云 3D 服装定制系统"中。

其次，衣随人动。"试衣魔镜"能够以最快的速度将衣服穿在身上的效果展示在大屏幕上，你可以直观地看出衣服是否适合自己。而且"试衣魔镜"能够 360° 无死角地向你展示试衣效果，让你感受到前所未有的试衣快感。

再次，智能换衣。你站在"试衣魔镜"面前，只需要挥一挥手，就能够自由地切换不同的衣服。之后，"试衣魔镜"会迅速展示穿衣效果。这种智能换衣的方法，不仅能够大幅提升换衣的效率，还能够让人有更多的选择和体验。

最后，试穿对比。不同的衣服会有不同的效果。但是人们往往优先选择最近试穿的衣服，而会较快忘记之前试穿的衣服。基于这一点，"试衣魔镜"能自动保存所有试穿的高清图片。当你难以选择时，它会展示穿衣效果较好的几张图片。通过效果对比，你能做出最好的选择。此外，你还可以将图片分享给亲朋好友，这就大幅增加了试衣的乐趣。

随着技术的不断升级，除了虚拟试衣间，虚拟偶像、虚拟旅游等也获得了迅猛发展。对于想要转型的企业来说，虚拟事物的落地应用是一个很有发展潜力的方向。

4.1.3 扫地机器人：节省清洁时间

当今社会，我们需要时间完成工作、实现梦想、约见朋友。在这个时间愈发宝贵的时代，可以帮助我们节省时间的产品势必会突出重围。作为一个可以节省清洁时间的产品，扫地机器人已经成为很多家庭的必备工具，如图 4-2 所示。

图 4-2　扫地机器人

只需要点击手机屏幕，就可以对扫地机器人进行远程操控，之后它就会自主地进行清洁工作。扫地机器人的工作原理源于无人驾驶的传感技术，它能够自主绘制清洁地图，并智能地为清洁工作做出规划。而且根据相关测试，扫地机器人的清洁覆盖率已经达到了 93.39%。

在智能生活方面，除了扫地机器人以外，烹饪机器人、聊天机器人、擦窗机器人等也是人们的得力助手。例如，只需要为烹饪机器人输入美味佳肴的烹饪程序，并设置翻炒、自动加调料等方面的功能，稍等片刻就可以吃到美味的饭菜。

如果企业想在扫地机器人这块蓝海市场上获得发展，就必须开发出独具特色的清洁方案。当然，企业也可以扩大范围，入局智能生活，整合其他云端服务，如收发快递、语音控制家居等。

4.1.4　智能监控系统：把家"放"在身边

随着社会的发展和文明程度的提高，入室盗窃案件有所减少，但还是有一些不法之徒顶风作案，利用一些现代化工具入室盗窃，严重危害人们的生命财产安全。如果家里安装了智能监控设备，在一定程度上能为人们的生命财产安全提供保障。

智能监控系统不仅能够实现家居产品的智能控制，还能够进行全天候无死角的安防监控，从而有效保障人们的生命安全以及财产安全。一般来说，一套完善的智能监控系统有四项必备的功能，如图 4-3 所示。

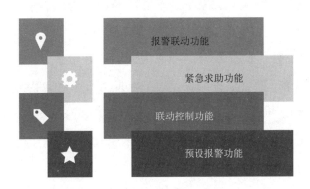

图 4-3　智能监控系统四项必备的功能

报警联动功能非常智能、实用。居民安装门磁、窗磁后，能够有效防止不法分子的进入。因为房间内的报警控制器与门磁、窗磁有智能连接，如果有异常的、不安全的状况，报警控制器就会智能启动警报，提醒居民注意。

紧急求助功能有利于室内人员逃生。以前，特别是在晚上，如果煤气泄漏，会给居民带来很严重的灾难。如果处理不妥当，甚至会导致人员伤亡。人工智能时代，室内的报警控制器能够智能识别房间内的安全隐患，并智能启动紧急呼叫功能，及时向外界发出信号，请求救助。这样就能够将伤害降到最低。

联动控制功能可以智能切断家用电器的电源。居民外出时，有时会忘记关掉某些电器的电源。例如，在外出时，电磁炉运行着，本来预计很快回来，但是因为一些事情耽误了，或者忘记了，就会导致很严重的后果。轻则把水烧干，把锅烧坏；重则发生电泄露，甚至引发火灾。联动控制功能的设置则能有效避免此类事件。联动控制功能可以智能切断一切具有安全隐患的电源，使人们的生活更加安全。

预设报警功能就是直接拨打报警、求助电话。当家里的老人出现意外，需要紧急求助时，智能监控系统就会立即拨打120。此外，如果有不法分子入室抢劫，也可以通过预设报警功能直接拨打110报警。这样人们的财产损失和生命安全损失将会降到最低。

综上所述，智能监控系统已经成为人们的好帮手，能够全天候监控，360°无死角巡视，而且监控画面清晰，能够充当家庭的智能侍卫。同时，智能监控系统还可以与手机相连，即使不在家，只要拿起手机，就能够随时看到家里的任何情况，可谓是"把家放在身边"。

4.2 智能生活应用大盘点

21世纪，信息大爆炸，5G手机、智能音箱、无人超市、机器人等新兴事物也在以惊人的速度充盈着人们的生活。基于这种趋势，人工智能在生活中的应用越来越广泛，甚至已经成为一个人们津津乐道的热门话题。本节将讲述人工智能是如何改变人们生活的。

4.2.1 "阿尔法一代"：与人工智能紧密相连

"阿尔法一代"是指在 2010—2025 年出生的一代人。他们的出生正值 AI 第三次发展的鼎盛时期。他们的生活、行为乃至思想都深受 AI 的影响。例如，在 AI 教育领域，新一代的年轻父母，都很重视对孩子的科技教育，或者希望用科技手段为孩子的学习助力。

美国电气和电子工程师协会 IEEE（Institute of Electrical and Electronics Engineers）提供的报告显示："40% 的新一代父母乐意用 AI 机器人保姆照顾孩子。此外，AI 教育机器人能够为孩子提供更加个性化的学习体验。"这样的教育方式，也影响着新一代的儿童。他们更加具有个人独立的思想，以及与众不同的行为方式，更乐于创新。

AI 在健康医疗方面也深刻影响着"阿尔法一代"。年轻的家长更相信 AI 的诊断和治疗。当孩子出现健康问题时，他们会选择 AI 医疗助手进行辅助式治疗。AI 陪伴机器人还能够用独特的方式与儿童交流，让他们畅所欲言，及时打开封闭的心门。

AI 也深刻影响着"阿尔法一代"的娱乐方式。每一个时代的儿童都有着与众不同的童年，"阿尔法一代"更倾向于与智能机器交流、沟通。例如，陪伴他们的将不再是普通的宠物狗，而是具备 AI 智能的机器狗。这些智能宠物狗能够通过语言与儿童沟通，这样的陪伴会让"阿尔法一代"有一个既具科技感又具快乐感的金色童年。

AI 也会对"阿尔法一代"的生活方式与行为方式产生深刻的影响。周围的一切科技都是如此的智能，新一代的儿童也会更加对神奇的世界感到好奇，他们的求知欲和探索欲会更强。此外，"阿尔法一代"的父母大都受过高等教育，也极其重视对孩子的科技教育，他们的教育方式也会更加民主、开放，孩子也会更快乐的成长。

当"阿尔法一代"逐渐长大，他们也开始利用 AI 点亮他们的生活。他们的出行方式将会以无人驾驶为主；他们将借助 AI 眼镜阅读、学习，利用各类 AI 软件进行社交活动。他们的生活必将更加智能、精彩。

4.2.2　无人超市：科技时代的新潮流

随着移动互联网的发展、物联网的逐渐进化、人脸识别技术的突破以及第三方支付的日益便捷，无人超市出现在大众的视野内。之前，无人超市的发展还处于兴起阶段，并非全方位的无人超市，只能做到无售货员结账、无推销员介绍产品。在现阶段，消费者可以自由进入无人超市，随拿随走，结账后系统会立即通过智能应用让消费者进行支付。

无人超市是新时代、新技术下的新产物，与原来的实体超市相比，无人超市具有显著的优势，具体如下：

（1）无人超市不设售货员、收银员等岗位，极大节省了人工成本；

（2）无人超市的环境优美，顾客能充分体验无干扰的、自由化的购物；

（3）无人超市无须排队结账，随拿随走，使购物越来越便捷；

（4）无人超市的销售模式在机械化、自动化、智能化的程度上也逐渐提高，成为时代的新潮流。

我们以淘咖啡为例，具体讲述整个无人零售的流程。淘咖啡整体占地面积达 200 多平方米，是新型的线下实体店，至少能够容纳 50 个消费者。它科技感十足，自备深度学习能力，拥有生物特征智能感知系统。

在淘咖啡店内，消费者在不看镜头的情况下，也能够轻易地被智能识别。通过搭配完善的物联网（IoT）支付方案，淘咖啡能够为消费者创造更完美的智能购物体验。消费者到淘咖啡买东西的程序很简单，具体步骤如下：

当消费者第一次进店时，只需打开手机端淘宝，扫码后即可获得电子入场码，之后就可以进行购物。在淘咖啡购物与在商店购物没有太大区别，也是可以不断挑选货物、更换货物，直到满意为止。但是在离开之前，消费者必须经过一道"结算门"，如图4-4所示。

图 4-4   淘咖啡的结算门

淘咖啡的结算门由两道门组成。第一道门在感应到离店需求之后，会智能自动开启；几秒后，第二道门开启。在这短短的几秒内，结算门就已经通过各种技术的综合运作，神奇地完成扣款。结算门旁边的智能机器会给消费者提示，它会说："您好，您的此次购物共扣款××元。欢迎您下次光临。"

无人超市的优势还不止于此，其智能系统也能够达到智能销售的目的。例如，当消费者拿到产品时，会不由自主地展示出相应的面部表情，也会展现出不同的肢体动作。也许消费者自己未在意，但是智能扫描系统却能够捕捉到消费者的"小动作"，从而了解他们的消费习惯或者喜欢的产品。之后，企业就能依据智能扫描系统进行更合理地铺货。

当积累了足够多的数据和信息之后，智能系统还能够帮助无人超市进行更精确地产品推送，使无人超市整体的服务效果更好。当然，无人超市不是万能的，也会有自身的缺陷。例如，与优秀的售货员相比，它确实会显得没有太多人情味。

因此，对于未来无人超市的研发，要考虑消费者体验和感受。人工智能再智能，也很难做到完全了解人性以及精准洞察和体恤消费者的心理。在开发初期，无人超市确实会有一些瓶颈，可能会出现一些失误，但是整体上瑕不掩瑜。相信随着技术的不断升级，无人超市将会遍地开花。

4.2.3　无人驾驶汽车：驾驶也可以很轻松

无人驾驶汽车是智能汽车的品种之一，主要工作原理是通过智能驾驶仪，配合计算机系统，实现智能无人驾驶。具体来看，无人驾驶汽车综合了各方面的人工智能技术，如视觉识别技术、超强的感知决策技术等。无人驾驶汽车的摄像头能够迅速识别道路上的行人和车辆并迅速作出相关决策，它可以像熟练的司机一样来进行调速，实现最完美的汽车驾驶。

在不久的将来，数以万计的无人驾驶汽车将会出现在大街小巷，走进我们的生活。无人驾驶的火热与五个因素密切相关，分别是 AI 技术的重大突破、汽车电动化的发展趋势、共享出行理念的发展、跨产业的融合以及法律法规的修订与完善。

无人驾驶汽车为我们的生活带来了诸多便利，主要体现在以下三个方面，如图 4-5 所示。

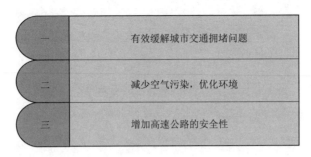

图 4-5　无人驾驶汽车带来的生活便利

1. 无人驾驶汽车将有效缓解城市交通拥堵的问题

无人驾驶汽车的车载感应器能够与交通部门的智能感知系统联合工作，可以从全局角度把握各个道路交叉口的即时车流量信息。之后，无人驾驶汽车会根据相关信息，进行实时反馈，调整自己的车速，尽量做到不扎堆出现在同一个十字路口。这样就能有效提高车辆的通行效率，缓解令人头疼的拥堵现象。

2. 无人驾驶汽车将减少空气污染，优化环境

在共享经济时代，无人驾驶汽车将发展成为共享汽车的一部分。拼车的乘客越多，就越能够缓解交通拥堵，同时也能优化环境，在共享领域，无人驾驶汽车比较容易实现拼车出行。

3. 无人驾驶汽车能增加高速公路的安全性

现在世界各国都在努力采取措施，降低高速公路的事故发生频率。无人驾驶要迅速落地，必须解决稳定性问题。对于这个问题，网约车公司给出的方案是继续发展大数据技术，用最优化的数据方案处理不稳定性的问题。百度给出的方案是研发智能芯片，让智能芯片作为无人驾驶的智慧头脑，这样在关键时刻，无人驾驶汽车就能够智能应对。方案虽然不一样，但是解决问题的初衷是一致的。

第 5 章

智能工作：抓紧就业新机遇

　　近半数的企业无法迅速招聘到合适的员工；65%以上的年轻人将选择仍未被明确定义的工作；到2025年，"千禧一代"在全球劳动力中的占比将超过75%。这样的数据不是耸人听闻，而是真实存在的。毋庸置疑，人工智能正在重新定义工作。

　　生活在这样的时代，人们难免会担忧自己的工作受到影响，是不是要被人工智能取代。其实这样的担忧没有必要，因为人工智能没有消除工作，而是在重新定义工作，创造更多的就业机会。

5.1　人工智能变革工作与职业

在人工智能技术越来越成熟的情况下，有些工作已经可以交由人工智能完成。例如，在机场，自助登记服务机器越来越多；在京东的仓库里面，分拣机器人会来回穿梭；在企业里面，HR 使用智能产品对应聘者的简历进行筛选。

根据麦肯锡的研究，在短期或中期内，人工智能虽然使部分工作完全自动化，但是并不会代替所有工作。因此，有些工作的流程需要优化，而这也在一定程度上促进了工作的转型和升级。

5.1.1　思考：人工智能会让人类的工作减少吗

从出现到现在，人工智能已经获得了迅猛发展，与之相关的各种产品和新闻层出不穷，并对人们的工作产生极为深刻的影响。之前横扫整个围棋圈的 Alpha Go，就将人工智能的强大力量展现得淋漓尽致。

不仅如此，人们也逐渐意识到，人工智能正在成为现实，然而，与之一同而来的担忧也必须得到正视。甚至马斯克等权威人士也开始提醒人们要高度警惕人工智能。在人工智能带来的所有担忧中，最具代表性的是人工智能是否会引发大量失业。

从宏观角度来看，技术导致失业的恐慌确实一直存在，但随着时代的发展，某些领域又会诞生新的工作。主导人工智能研发的各大巨头，如果能为人们树立一种正确的态度，驱散人们心中对人工智能的恐惧，也将是一大利好。

随着人工智能的不断发展，一些烦琐、重体力、无创意的工作会逐渐被代替，例如，打扫卫生、配送快递、解决客户问题等。此外，一些技术型企业正在对人脸识别进行研究，只要研究成功，该类技术就可以辨识约 30 万张人脸，这样的量级是人类很难或者根本不可能达到的。

在其他一些领域，人工智能确实缺乏处理人际和人机关系的能力，医疗领域就是其中最具代表性的一个领域。虽然涉及影像识别的医疗岗位很可能被人工智能取代，但那只是非常小的一部分，如问诊、咨询等需要交际能力的工作还是应该由人类来做。

从目前的情况来看，人类亟待完成的重大任务主要有以下两项：

（1）认真思考怎样调配那些被人工智能替代的工作者；

（2）对教育进行改革。必须更好地教育后代，让他们分析出哪些职业不容易被人工智能取代，而不要被目前看似光鲜亮丽的职业所迷惑。

从某种意义上讲，人工智能带来的并不是失业，而是更加完美的工作体验。未来，工作不能只由人类完成，也不能只由人工智能完成，必须由二者联合起来共同完成。因此，对于人工智能时代的到来，我们不需要过分担忧和恐惧。

5.1.2 哪些职业将面临挑战

关于人工智能会取代部分职业的争论愈发激烈，各种各样的论断甚嚣尘上，即使是在企业中发挥重要作用的执行层，也担心哪一天真的丢了自己的"饭碗"。相关调查显示，电话推销员、会计、客户服务被人工智能取代的概率非常高。

1. 电话推销员被人工智能取代的概率为 99%

为什么电话推销员被取代的概率会如此高呢？

首先，他们做的几乎都是重复性劳动，这些劳动没有太大的难度，只要经过系统训练就可以轻易掌握；

其次，在数据采集不准确的情况下，他们需要花费大量的时间和精力对客户进行筛选；

最后，他们的工作既单调又压抑，还会对情绪产生一定影响，导致人工效率的逐渐走低。

在这些原因的驱使下，人工智能会逐渐取代电话推销员的工作。

2. 会计被人工智能取代的概率为 97.6%

会计的主要工作是对信息进行搜集和整理，其中存在非常高的逻辑，必须要保证 100% 准确。单从结果上看，人工智能的优势确实更加明显。此外，全球四大会计师事务所也相继推出了财务智能机器人方案，这再一次证明了人工智能在财务工作中的巨大优势。其实如果真的出现一种可以帮助会计完成财务工作的技术，也未尝不是一件幸事。到那时，会计就可以有更多的时间去做一些有价值、有意义的工作。

3. 客服被人工智能取代的概率为 91%

与电话推销员、会计相比，客服被人工智能取代的概率虽然更低，但仍然超过了 90%。此外，客服行业也存在各种各样的问题，如招聘难度大、人力成本高、培训时间长、离职率高等。即使是百度、京东、亚马逊这样的互联网巨头也无法很好地解决这些问题。不过人工智能出现以后，这些问题就有了解决的可能。

一场人工智能取代人类的戏码正在上演，虽然上述三种职业面临的威胁最大，但是其余职业也并非高枕无忧。在这种情况下，我们应该积极应对人工智能带来的挑战，不断提升自己的分析洞察能力，学习更多有关人工智能的知识，争取做到"知己知彼，百战不殆"。

5.1.3　别害怕，人工智能带来就业机会

随着人工智能的不断进步和发展，一些新兴的行业一定会出现，而

随之而来的还有一大批新的就业机会。正如互联网兴起之前，几乎没有很多可供人们选择的职业；而在互联网兴起之后，程序员、配送员、产品经理、网店客服等新兴职业也随之出现。

由此可知，我们不能片面地认为人工智能出现之后就一定有"旧事物"被残忍淘汰，事实上更多的应该是人工智能与"旧事物"的结合。这就意味着，之前的人力可以通过学习和训练，掌握相应的技术并逐渐适应人工智能时代，从而转移到新的行业当中。

在技术趋于完善、生产力大幅度提高的影响下，职业的划分已经变得越来越细化，与此同时，就业机会也更多。人工智能的发展方向应该是与人力协同，而不是取代人力。大部分已经应用了人工智能的企业的确是这样做的。

下面以京东为例进行详细讲述。

京东旗下有一个无人机飞行服务中心，需要招聘大量的无人机飞服师。这一职位的门槛儿其实并不是很高，只要经过系统培训，即使没有很深文化基础的普通人也可以胜任。

京东的无人机飞行服务中心是中国首个大型无人机人才培养和输送基地。对于无人机行业而言，这是一个特别大的突破。基于此，无人机在物流领域的应用率将越来越高，而整个社会的物流效率将大幅度提升。在这种情况下，新的就业机会也将不断出现。

仅无人机，就可以衍生出一系列配套设施和大量的人力需求。所以人工智能出现以后，虽然某些原有职位的需求会有一定减少，但是新职位的需求可能会大量增加。而且这些新职位不仅仅限于如研发、设计等高门槛儿的职业，还包括如维修、调试、操作等低门槛儿的职业。

一个行业的职业结构通常是金字塔型的，除了需要位于塔顶的高端、精英人才以外，还需要位于塔身的普通工作人员，只有这样，才可以保证行业生态的健康和完整。因此，无论什么样的人，之前从事过什么样

的工作，将来都可以找到一个合适的职业，并不会因为学历不够而没有
工作机会。

5.2 人工智能在工作中的落地场景

自从 Alpha Go 零封围棋天才柯洁以后，人工智能就被神化到一个
相当的高度，越来越多的人相信，人工智能将取代大部分工作，从而导
致大量失业。但是前面已经提到，人工智能可以与人类和平共处，例如，
在人事工作上，人工智能可以智能分析，实现人岗协调。此外，采购工作、
财务工作等也都在人工智能的助力下实现了人机协作。

5.2.1 助力人事工作，促进人岗协调

技术赋能人事管理虽然早已不是新鲜话题，却仍然很热门。在未知
比已知更多的未来世界里，创新将成为企业生存发展的不二法门。创新
的核心是"人"，企业的工作重心是人事管理，如何做好这项工作，使
其不断升级，是每一个企业都应该思考的问题。

费里曼是一家在线房地产服务企业的创建人，起初，他的企业只有
十几名工作人员，随着企业的发展壮大，需要招聘一批新的工作人员。
面对这样的情况费里曼很苦恼，大量的简历让他手足无措。

但是，人工智能出现并兴起以后，解决方案也应运而生。人工智能
通过对求职者上班第一天可能要做的事情进行线上模拟，可以使简历审
查工作变得更加简便和快捷。除此以外，人工智能还可以分析求职者的

特性，并在自然语言处理、机器学习等技术的助力下，为求职者建构一份个人心理档案，从而准确判断这个求职者是否与企业文化相契合。

人工智能不仅可以应用于招聘工作，还可以帮助企业分析工作人员与岗位之间的契合度，从而进一步促进人岗协调。在人事管理工作中，人工智能虽然不是完美无缺的，但取得的效果一定比全靠人力更好。

如果工作人员对工作没有很高的积极性，就会对企业的内部运营产生不利影响。现在通过老套的绩效考核激发工作人员的积极性，使其发挥更大的价值，已经不能起到非常好的作用，采用新技术和新交流软件才是真正的"王道"。

企业在采用新交流软件时，一定要保证软件在工作人员中的采用率，因此，企业应该把交流软件设计得易于访问和使用。工作人员把交流软件安装在手机上，可以通过交流软件互相学习、了解客户反馈，从而尽快提升自己的能力和价值。

5.2.2 推动采购工作出现大变革

通常情况下，采购工作可以分为两个部分：一个是战略采购；另一个是运营采购。运营采购非常注重采购人员的执行力，而战略采购则十分重视采购人员的决策能力。下面重点讲述战略采购。战略采购涉及四个环节，如图 5-1 所示。

图 5-1　战略采购的四个环节

在上述四个环节中，最重要的两个环节是原料的寻筛和产品的询价。随着人工智能的不断完善，借助知识图谱技术和机器学习，人工智能已经可以深度介入这两个环节。

在知识图谱的基础上，人工智能可以智能寻筛最物美价廉的原料，以实现寻筛成本的最低化。在商业谈判算法的基础上，人工智能还可以帮助企业在询价环节做到知己知彼，避免价格不合理。总之，借助人工智能，战略采购将逐渐走向智能化，同时将融"智能寻筛、审核、询价、签单"于一身。

京东旗下有一个电商化采购平台，该平台可以将烦琐的采购工作变得更加简单、透明、智能，还可以轻松打通产业链上下游之间的信息联系。未来，人工智能肯定能够实现采购与供销的完美结合。

此外，基于对云计算、深度学习、区块链等人工智能技术的熟练应用，京东的开发团队已经建立了大数据采购平台和采购数据分析平台。其中，借助智能推荐，大数据采购平台可以主动分析用户喜好，从而挑选出最符合用户要求的原材料。不仅如此，京东还在不断进行技术的研发与创新，希望打造一个更具效率的采购平台。

京东的这些平台为采购方式的转变、采购路径的优化，提供了极大的便利，能够促进营销管理效率和客户服务质量的提升，使企业的经营管理模式变得更加人性化、科学化、民主化。由此可见，人工智能可以对采购工作产生积极影响。

5.2.3　为财务工作转型提供技术支持

如果要与国家经济发展战略相适应，企业的财务管理必须积极转型，争取获得创新发展。基于此，"用友云"正式发布并上线运营了"用友财务云"。"用友财务云"可以为企业提供多样的智能云服务，也可以指导和帮助企业实现财务转型。

引入"用友财务云"以后，企业的财务管理流程会越来越规范，越来越高效。与此同时，企业财务管理的成本和风险也将大幅度降低，从而进一步提升企业财务管理工作的整体质量。

"用友财务云"为企业提供的基础服务包括两项：一项是财务报账；另一项是财务核算。这两项服务的承载平台分别为"友报账""友账表"。

"友报账"不仅是一个智能报账服务平台，也是一个企业财务数据采集终端。而且，除了财务人员以外，企业中的其他工作人员也可以使用"友报账"。这也就表示，"友报账"可以对企业资源进行整合，并为企业工作人员提供端到端的一站式互联网服务。

与"友报账"不同的是，"友账表"是一个智能核算服务平台，可以为企业提供多项服务，例如，财务核算、财务报表、财务分析、电子归档、监管报送等。这些服务都是自动且实时的。

除了财务报账、财务核算这类的基础服务以外，智能税控对企业来说也非常重要。在这方面，"智能税控 POS"是行业典范，它是由商米科技、数族科技、百望金赋三方强强联合，共同推出的一个开票机器，其作用主要包括以下几点：

（1）解决企业经营管理相关环节痛点，尤其是越来越突出的开票痛点；

（2）简化开票流程，实现真正意义上的支付即开票、下单即开票；

（3）提升开票的效率。

"智能税控 POS"是以互联网和云计算为基础，集"单、人、钱、票、配"全流程运营能力为一体的开票工具。除了收单以外，它更是一个可以直接管理发票的 POS 机，同时还可以提供一站式增值服务，例如，收银、会员、金融、排队等，从而大幅度提升开票体验。

未来，还会有更多诸如"用友财务云""智能税控 POS"这样的智能产品成功落地，并在企业中得到有效应用。而这些产品也都是人工智能赋能企业财务工作的最佳体现，将会在企业中发挥非常重要的作用。

5.2.4　部分客服工作由智能机器人完成

作为业务流程中的一个关键环节，客服无疑会对企业的形象产生深刻影响，因此，越来越多的企业开始重视人工智能与客服的融合。这样不仅可以提升消费者对企业的好感和认可度，还可以增强企业在行业中的声誉和影响力。

美国电商巨头 eBay 就推出了购物机器人 ShopBot。在 ShopBot 的助力下，消费者可以用最短的时间找到自己想要的、同时也最实惠的商品。自从 ShopBot 被正式推出以后，消费者便可以在 eBay 上获得更加优质的消费体验。

ShopBot 是以 Facebook 的智能聊天机器人平台为基础研发出来的，现在已经正式投入使用。在使用 ShopBot 时，消费者可以登录自己的账号，也可以在 Facebook、Messenger 内搜索"eBay ShopBot"，具体的使用方法如下：

进入 ShopBot 界面以后，消费者可以通过语音发出指令："我正在寻找一个 80 美元以下 Herschel 品牌的黑色书包。"说完以后，ShopBot 会显示，一个或一些符合条件的书包，这样消费者就可以非常简单、快速地找到自己想要购买的产品。

其实，ShopBot 的推出也在一定程度上表示，eBay 非常关注自然语言处理、计算机视觉等与人工智能息息相关的技术。为此，eBay 收购了以色列计算机视觉企业 Corrigon，主要是为了摆脱对人工的过度依赖，实现产品照片分类的自动化和智能化。

　　不仅如此，eBay 还收购了机器学习团队 ExpertMaker、数据分析企业 SalesPredict。借助这一系列的收购，eBay 的自动化和智能化获得非常迅猛的发展，这不仅有利于提升消费者在 eBay 的购物体验，还有利于优化 eBay 的服务质量和服务效果。

第6章

智能教育：打造泛在化教育形态

随着人工智能技术的发展，图像识别、语音识别等人工智能技术的应用范围也愈加广泛。在教育领域，人工智能也极大地影响了教育模式、教学场景等的发展。人工智能为教育的发展创造了新的机遇，也使传统教育能够在先进技术的支持下进行变革。

在双方融合的趋势下，许多互联网企业和教育企业纷纷进行人工智能在教育领域的应用尝试，积极凭借自身力量推动教育事业的发展。

6.1 人工智能＋教育＝智能教育

技术的进步推动了教育行业的变革，从传统教育到数字教育再到智能教育，人工智能技术的助力功不可没。在人工智能、大数据、5G 等技术的推动下，学校的教学模式、校园管理等许多方面都将向智能化的方向发展，智能教育也得以深化。

6.1.1 教育三大发展阶段

随着人工智能的发展，教育领域将受到很大的冲击。人工智能将应用于教育教学和管理的各环节，智能教育也将更加深刻、更加广泛地覆盖教育领域的许多方面。智能教育与此前的信息化教育有何不同？此前的信息化教育是教育手段的信息化，只是把教育过程中呈现、传输、记录的方式改成数字模式，没有带来教育理念、体系和教学内容的变化。而智能教育是指教育从教学理念、教学模式和内容等方面有突破性的变革。

1. 从传统教育到数字教育

传统教育重理论轻实践、重知识灌输轻思考，这不适应现代社会的发展。现代教育理念坚持以人为本，注重因材施教、注重学生的全面发展、注重教育内容的开放性等。

随着网络技术的普及，信息技术对社会发展的影响越来越大。信息化教育即数字教育，指的是在现代教育理念的指导下，运用各种新兴的信息技术，开发并合理配置教育资源，优化教学各环节，以提高学生信息素养为目标的一种新的教育方式。

数字教育虽然提倡以学生为中心，但事实上还是以教师为主导进行多媒体辅助教学、远程教学等。总之，数字教育只是对教育的某一环节进行了数字化改造，只是给教学提供了一些先进的技术手段，能在一定程度上提高教学的质量与效率。但这仍为人工智能进入教育领域打下基础，使人工智能进入教育领域有了切入点。

2. 从数字教育到智能教育

智能教育的目的是培养具有较强思维能力和创造能力的人才。相较于数字教育各种信息技术在教育领域中的应用，智能教育可以看作对数字教育系统的升级。智能教育将依托 5G、大数据、云计算等先进技术，实现完整的信息生态环境，通过移动端、个性化学习支持系统等实现以学生为中心的泛在学习。

智能教育除了要与先进技术相结合，也需要教育体制的优化和教育理念的进步。这就对目前的教育理念和教育模式提出了要求。

一是要求教师从知识传授者转变为学生知识的提供者和辅助者，学生也应发生态度上的转变，积极主动地进行自主学习。

二是教学要从机械的强化训练转变到重视活动的设计与引导，并适时进行评价，以对学习活动进行指导达到更好的学习效果。

三是支持多种学习方式的混合。

四是重视即时反馈与评价。借助技术获取教育过程中的数据，依据精确的数据对问题精准定位，使评价由经验主义走向数据支持。

智能教育在各种技术的支持下将获得更好的发展，将覆盖教育过程中的更多环节，也将覆盖更多的地区。同时，智能教育的推广也将推动教育理念和教育模式的变革，使师生得到更好的教学与学习体验。

6.1.2　AI 崛起，教育迎来新机遇

目前，大数据和人工智能在各行业都有所应用，也包括教育行业。在大数据和人工智能的支持下，教育行业的许多应用已经进入深水区，教学模式正在逐渐发生改变。

从教学过程来看，以大数据技术为依托的人工智能系统可以使教育在授课、学习、考评、管理等方面都变得多样化，如图 6-1 所示。

图 6-1　人工智能系统在教学中的表现

1. 授课

人工智能系统能够实现自适应教育和个性化教学。在教学方式方面，教师拥有了更为多样的教学手段，上课时不再只依靠一本教科书，而是可以调取大量的优质教学资源，以多种形式展现给学生。同时，虚拟现实技术、大数据与人工智能系统的结合，能够很好地还原教学场景，使学生爱上学习，学习效果也能有质的飞跃。

2. 学习

在学习过程中，学生可利用大数据技术根据知识点的关系制作知识图谱。同时，数据分析技术可以分析学生的学习水平，制定与之相匹配的学习计划，并由人工智能系统为学生提供个性化的辅导，以帮助学生高效学习。

图像识别技术也可以提高学生的学习效率。学生可以通过手机拍摄

教材或作业内容上传至系统，人工智能系统通过分析照片和文本，显示出对应的重点与难点。这样的学习流程为学生的自主学习提供了更多可能性。

3. 考评

有了智能考评系统，教师只需将试卷进行批量扫描，系统就可以实时统计并显示已扫描试卷的份数、平均分、最高分和最集中的错题及对应的知识点，这些信息方便教师对考试情况进行全面、实时的分析。即便是对几十万、几百万份试卷进行分析，系统也能通过图文识别和文本检索技术快速检查所有的试卷，提取、标注出存在问题的试卷，实现智能测评。

4. 管理

学生大多关注"学"的部分，学校则需要在教学之外充分分析教育行为数据，以便做好管理工作。利用人工智能系统，充分考虑教务处、学生处、校务处等部门的管理需求，学校可进一步收集、记录、分析教育行为数据，更全面地了解教学的真实形态。

目前，一些学校已经建立了学生画像、学生行为预警、学生综合数据检索等体系，以便更好地分析学生在专业学习上的潜能，从而为学生提供个性化的管理方案。

大数据、人工智能在教育领域的应用才刚起步，未来，以大数据为依托的人工智能可以实现教育个性化，使因材施教、因人施教成为现实。

6.1.3 智能教育与 5G 的"化学反应"

5G 与人工智能的结合在推动人工智能发展的同时，也将推动人工智能在教育领域的应用，从而使智能教育获得突破式发展。5G 将打破当前教育领域的技术壁垒，推动教育行业的变革；5G 将与人工智能一起赋能教育，推动智能教育的发展和广泛应用。

5G 是能够为教育带来革命性影响的技术。随着 5G 时代的到来，它所提供的高传输速率、大宽带、低时延的优质网络，能够打破诸多曾经难以实现的技术壁垒，主要表现在以下几个方面，如图 6-2 所示。

图 6-2　5G 打破教育领域壁垒的表现

1. 教育体验

5G 带来的是传输速度、网络质量的革命，能够影响教育的体验性。5G 能够使直播等教学场景更加流畅，能够更好地实现师生之间的实时互动。同时，5G 也将推动虚拟现实技术的发展，这使得虚拟现实技术在教育中的应用将更加多元化。场景教学、模拟教学、真人陪练等使学生能够在虚拟环境中体验真实的学习场景。

2. 教育数据互通

未来，5G 的普及使万物互联成为现实，教育领域的各种人工智能应用都将朝着具备物联性的方向发展。万物互联能够使人工智能应用采集到更大量、更加复杂的数据，人工智能应用在经过大数据分析后，能够全面了解学生和教师的情况，使互动更深入、方式更多样。

3. 解决人工智能瓶颈

人工智能发展的瓶颈在于智能机器人深度学习能力的提高。智能机器人应该具备深度学习能力，可以对数据进行筛选、整理和分析。然而，在现在这个信息大爆炸的时代，智能机器人要处理大量数据，其技术还需要不断提升。5G 可以弥补制约人工智能的短板，提升智能机器人的学习能力，推动人工智能发展。

未来，人工智能有望依托 5G 实现教育大规模覆盖，满足学生的个性化学习要求。

6.2　人工智能如何变革教育

人工智能在教育领域的应用将极大地变革教学场景和校园管理模式，使其变得更加智能。人工智能与虚拟现实技术的融合也将打造出新的教学场景，实现虚拟现实场景与教学场景的结合。同时，人工智能系统也将实现校园的可视化、智能化管理，进一步保证校园安全。

6.2.1　虚拟现实技术打造沉浸式体验

人工智能与虚拟现实技术的结合，将创造出全新的教学场景，使师生有全新的教学体验，极大地激发学生学习的积极性，提升学生的学习效率。

1. 高互动性的沉浸式体验

人工智能与虚拟现实技术的结合将为师生提供高互动性的沉浸式体验，主要体现在以下几个方面。

（1）虚拟现实＋课堂教学。虚拟现实技术可通过沉浸式的交互方式，将抽象的知识变得形象化，为学生提供身临其境般的沉浸式学习体验，激发学生获取知识的主动性。根据学科的不同，虚拟现实技术发挥的作用也不相同，主要包括三维物体展示、虚拟空间营造、虚拟场景营造等方面。

（2）虚拟现实＋科学实验。利用虚拟现实技术，很多在现实中难以完成的实验都可以得以完成。在现实教学中，许多实验器材由于价格昂贵而难以被普及。而利用虚拟现实技术能建立虚拟实验室，学生可以在这个虚拟实验室中操作虚拟实验器材进行实验，也可以在虚拟现实中得到实验的结果。

2. 虚拟现实技术（VR）在课堂中的优势

在课堂中引入虚拟现实教学后，能够很好地提高学生学习的兴趣和效率。虚拟现实技术在课堂授课中的优势主要体现在以下几个方面，如图 6-3 所示。

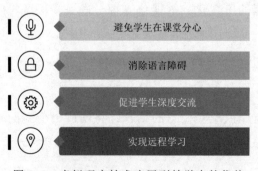

图 6-3　虚拟现实技术应用到教学中的优势

（1）避免学生在课堂分心。在传统的课堂教学中，学生在课堂分心是十分常见的事情，如窗外的噪声、空中飞过的飞机等都可能使学生上课分心，还有不少学生在课堂上玩手机或交头接耳等。而若将 VR 技术应用于课堂，这些问题便可以被解决。虚拟现实为学生提供逼真的学习场景，能够更加吸引学生的注意力，同时也能有效减少周边环境对学生的影响。

（2）消除语言障碍。在当今多元化的社会中，语言障碍为学生的学习带来诸多不便。如学生想与外教沟通，可能就要掌握他们的语言，但借助 VR 设备的语言翻译功能，学生就可顺利地与外教沟通。全息投影技术与 VR 技术的结合能够轻松地将各国的名师"请"到课堂上，为学生指点迷津。

（3）促进学生深度交流。学生在与其他同学交流时，可以不断加深对知识的认知，从而将知识掌握得更加牢固。VR 课堂可以将不同学习方法的学生联系在一起，学生们可以及时分享他们对知识的不同看法，这有助于他们借助分享观点进行深度学习。

（4）实现远程学习。有了 VR 设备，学生能够随时随地学习，家里也能变为课堂。学生只要佩戴好 VR 设备，就可以与同学、老师在虚拟空间里交流学习，这使得远程学习成为现实。并且，利用 VR 设备，学生在家里也能获得像在学校课堂上课一样逼真的学习体验。

未来几年，虚拟现实技术在教育中的应用将更加广泛。人工智能与虚拟现实技术的结合创新了教学场景，使教学场景在虚拟现实中得以实现。这使一些在现实中难以实现的场景教学和培训等能够在虚拟现实中实现。学生的学习与教师的授课都打破了时间和空间的限制。同时，在虚拟场景中，学生与教师也能够获得更好的学习和教学体验。

6.2.2 可视化校园管理，让教学更高效

借助 5G、6G、大数据和人工智能等技术，智能教学系统能够实现对课堂、学生学习等方面的智能分析和可视化管理，主要表现在以下六个方面，如图 6-4 所示。

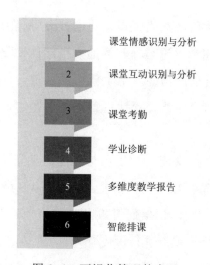

图 6-4 可视化管理的表现

1. 课堂情感识别与分析

智能教学系统能够通过人工智能从学生课堂视频数据中分析课堂情感占比，分析学生情感变化，并得出科学的统计与分析数据。老师通过这些数据可以了解自己授课内容对学生的吸引力，并且能够了解学生的学习状态，从而调整教学进度和教学方法，提高教学效率。

2. 课堂互动识别与分析

利用语音识别技术，智能教学系统能够收集老师授课过程中师生互

动的数据,记录学生的发言和老师的授课内容。通过对记录数据的分析，智能教学系统能够提取互动的关键词并对其进行标记，进一步提取出活跃课堂氛围的正面词汇。这些关键词汇能够帮助老师提高课堂互动效果，提升学生学习效率。

3. 课堂考勤

智能教学系统通过面部识别等技术，可以智能记录学生考勤，统计课堂的出勤率。面部识别记录考勤的方式能够节省老师上课的时间，提高学生的出勤率。

4. 学业诊断

依托人工智能技术,智能教学系统利用线上线下相结合的测试方法，能够得出每个学生的评测结果、学业报告和独特的提升计划。同时，系统可以针对不同学生的不同需求准确推送学习资源，从而实现因材施教，帮助老师全面督导学生学习。

5. 多维度教学报告

智能教学系统能够针对不同的群体类型，如教师、家长、学生等总结出多维度教学或学生成长报告。报告的内容不是固定的，智能教学系统能够提供灵活可定制的数据分析方向，满足不同群体的分析需求，同时对学生历史数据进行分析，形成学生的个性化成长档案。

6. 智能排课

智能教学系统能够利用人工智能技术分析出最优排课组合。同时，智能教学系统还能够结合学生的历史成绩、兴趣爱好等信息和教师的教学数据进行智能排课。

通过以上几个方面的可视化管理，智能教学系统能够搜集学生上课和学习过程中的数据，并以此得出科学的报告和实现智能排课等。同时，智能教学系统所提供的数据还可为老师的教学决策提供辅助参考。

6.2.3　教师角色的创新与再造

在智能教育时代，教育环境全方位的变化对传统教师提出诸多方面的挑战。传统教师角色的再造将是每一位传统教师必须经历的考验。

即便有更多先进技术的支持，未来的教师也不会轻松。尽管人工智能系统能够在备课、教学过程和课后辅导中为教师提供全面的、科学的统计和数据分析，甚至能够自动生成智能化的解决方案。但教师的任务不只是传递知识，其更多的职责变成指导学生进行整体发展规划。在未来教学的需求下，教师的角色再造主要表现在以下几个方面，如图 6-5 所示。

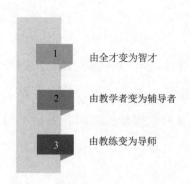

1　由全才变为智才

2　由教学者变为辅导者

3　由教练变为导师

图 6-5　传统教师角色再造的表现

1. 由全才变为智才

在智能教育时代，学生的个性化需求更加鲜明，教学课程也更加开放。教师不再需要作为单独的个体完成所有教学任务，而是由教学团队全面支持其完成教学。教学团队中有专注于课程设计的专家，有负责教学指导的班主任，有设计实践课程的工程试验教师等。

同时，数据分析师、学业指导教师等新兴的教师类型也将加入教师团队。教师团队是多元化的，每个人的工作都有明确的分工。分化的工作将增强传统教师的专业化素养，从而提升教师工作的效率和质量。

2. 由教学者变为辅导者

传统教师角色再造的第二方面表现为传统教师将从教学者转变成辅导者，教师不再是单方面向学生灌输知识，而是更注重对学生的辅助、引导。

一方面，以往的教学模式中，学生接受的知识都是统一、固定的，没有体现学生的意志。未来的教师将不只是传递知识，更多的是帮助学生发现自己的学习兴趣，培养他们自主学习的能力。教师不再是课堂的中心，而是成为学生学习过程中的辅助者。

另一方面，随着各种技术在教学中的应用，教学方式也变得多样，抽象化思维与具象化现实的结合将带给学生更加新奇的学习体验。VR与教育的结合将极大地创新教学场景，教师不再是知识的输出者，而是一个知识世界的引导者，引导学生去探索知识。

3. 由教练变为导师

随着技术的发展，与更多技术结合的、更加先进的人工智能能够更好地完成授课和学习指导的工作，这使得教师可以把更多的时间和精力放在学生的心理成长和综合素质提高等方面，成为指导学生未来发展、给予学生精神激励的导师。

总之，随着人工智能等技术在教育领域应用的逐渐成熟，传统教师的角色将被再造，教师的分工将会更加细化，教师在工作中的专业性也越来越强。在技术的支持下，教师将成为教学活动中的辅助者、成为学生学习的引导者，教师会更加关注学生的心理成长和个性化发展。

6.3　案例分析：AI 时代的教育变革之路

人工智能在教育领域的应用已成趋势，一些教育企业和人工智能企业纷纷进行相关尝试，并取得了一些成果，如百度教育、魔力学院、科大讯飞松鼠 AI 等。

6.3.1　百度教育让素质教育更"有料"

教育的智能化发展已成趋势，在这种潮流下，百度自然也不会错过 AI 教育的发展机遇，百度教育大脑就是其代表产品。

百度教育大脑以百度大脑为基础，融合人工智能、大数据等技术，赋能多种教育场景，为用户提供智能教育服务。百度教育大脑不仅开启了人工智能教育实验室，还极大地改变了传统教学模式，使课堂氛围更加活跃。

1. 开启人工智能教育实验室

百度教育大脑与北京师范大学、白洋淀高级中学联手共建了"雄安新区人工智能教育实验室"。该实验室以人工智能、大数据、物联网等先进技术为依托，能够提供人工智能教学、STEAM 教育和教师新技术能力培训等服务。

此外，百度教育大脑还在合肥建立教育实验室，目的是以人工智能技术为依托对教育进行升级，帮助安徽省实现智慧教育的目标。

2. 百度教育大脑让课堂"活"起来

知识无界限，但传统的教学模式无法解决教育资源不均衡的问题。如何让优质的教育资源实现共享呢？百度教育大脑能够有效地解决这一问题：通过 AI 技术打通共享渠道，让学生不受区域、年龄限制，更加方便地获得全面的学习资源。

此外，百度教育大脑借助网络传播速度快、范围广等优势，实现了"何处有求知欲，何处就有课堂"，让学生可以在计算机端或移动端随时学习，让传统的只局限于学校等教育场所的课堂"活"了起来。

6.3.2　魔力学院开创教学新模式

运用人工智能变革教学模式一直是教育界的热门话题之一。5G、大数据和深度学习等技术的助力使得人工智能教育的应用实现了井喷式的发展。而这其中魔力学院的智能教学系统就依托各种先进技术变革了教学模式。

在学生接受教育的过程中，优质教育资源的争夺战一直不曾停歇。事实上，优质的教育资源非常稀缺，不是所有学生都能得到名师指点的。而 5G 与人工智能给教育行业带来的变革之一就是能够打破优质教育资源的区域限制，实现优质教育资源的共享。

跟随时代发展的脚步，魔力学院依托人工智能技术打造了自己的智能教学系统。在智能教学系统的支持下，魔力学院能够给学生带来新奇的学习体验，主要表现在以下三个方面，如图 6-6 所示。

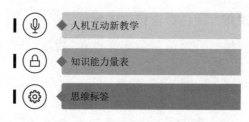

图 6-6 魔力学院的教学优势

1. 人机互动新教学

魔力学院提供的视频课程是一种人机互动的教学模式。不仅有最优质的教学内容，学生还可以在课程页面上记录笔记。同时，在学习过程中，学生可自由选择测试时间，实时掌握自身的学习情况，相应的，平台会在学生学习的过程中收集数据，调整教学内容。

传统的学习模式是老师向学生进行单向的知识灌输，而这种人机互动的教学模式将一节课拆分成多个节点。当学生完成一个学习过程后，智能教学系统就能清楚知晓学生对某个知识点的掌握情况，并通过设置不同难度的问题判断学生当前的学习状况，从而进行推荐学习。

2. 知识能力量表

在学生学习的过程中，智能教学系统能够依据收集到的学习数据生成各科知识能力量表。学生通过知识能力量表，可清晰地了解自己各学科、各部分的知识掌握情况。

3. 思维标签

思维标签是指智能教学系统将一道题目依据思维的层次划分成多个

步骤，引导学生解题的思维模式。同时，智能教学系统能收集学生的学习数据，并结合学生的主观反馈，综合衡量学生的知识点掌握程度，最终依据学生的能力水平给出学习解决方案。

与其他互联网教育领域的产品不同，魔力学院从一开始就将教学模式变革的重心放了人工智能的应用上，即直接用人工智能机器替代教师进行授课，然后构建智能教学系统。许多业界人士并不看好这种教育方式，但是魔力学院的持续营收证明了这条道路的正确性。如今，在智能教育领域，魔力学院已经发展成可以从教、练、测等多个角度提供服务的教育平台。

魔力学院的智能教学不局限于 GMAT 考试，还开发了 GRE、考研英语等人工智能教师，帮助数千名学生在短时间内实现出国与考研的梦想。

人工智能解决了教育资源的稀缺性问题。随着人工智能的发展和基础设施的完善，人工智能老师将会普及到更多地区，让更多学生能够接受更公平的教育。而这也是魔力学院研发智能教学系统与人工智能老师的初衷。

6.3.3　科大讯飞把 AI 带进校园

对于教师来说，一项必不可少的工作就是为学生批改作业，如果作业非常多，甚至要批改到深夜，这难免会对教师的健康造成不良影响。

然而，随着信息化建设和人工智能的不断发展，大数据、语音识别、文字识别、语义识别等技术，使智能批改逐渐成为现实，如图 6-7 所示。

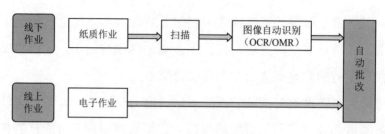

图 6-7　技术助力作业批改

如何利用技术减轻教师的压力，实现规模化、个性化的作业批改，便成为未来教育的关键攻克点，同时也是许多企业在智能教育领域的发展方向。

科大讯飞可以将自然语言处理融入教学中，从而提升学生的阅读能力和阅读效率。

在作业批改方面，科大讯飞也能发挥强大作用。如今，科大讯飞的英语口语自动测评、手写文字识别、机器翻译、作文自动评阅等项目已经通过教育部门的鉴定并应用于全国多个省市的高考、中考、学业水平的口语和作文自动阅卷中。

"讯飞教育超脑"也在全国 70% 的地区，1 万多所学校得到了有效应用。

当然，国外也有很多与"讯飞教育超脑"类似的产品，例如，Gradescope。

Gradescope 的主要目的是使作业批改流程得到进一步简化，从而把教师的工作重心转移到教学反馈上。相关数据显示，使用 Gradescope 的学校已经超过 150 个，其中也不乏一些非常知名的学校。

当批改作业的负责人从教师变为机器时，当机器批改作业的准确率可以与教师批改作业的准确率相媲美时，这项工作便实现了真正意义上的智能化。与此同时，"人工智能＋教育"也实现了前所未有的突破和进步。

6.3.4 松鼠AI：学生的线上"辅导员"

　　生活水平的提高使家长更重视孩子的教育，家长希望孩子的学习成绩可以有更大提高。人工智能在教育领域的应用让家长的心愿得以实现，松鼠AI的出现则让家长看到个性化线上教育的可能性。松鼠AI通过人工智能、大数据等技术，为每个学生绘制专属画像，并据此为其制定学习体验策略，巩固知识结构，培养良好的学习习惯。

　　在新冠病毒肺炎疫情期间，松鼠AI推出"真人教师+人工智能"1+1辅导模式，制定明确的个性化学习方案，根据相关学习数据了解学生对知识点的掌握情况，为学生进行测评定位，与课程、练习题匹配推荐，让学生能够将每个知识点牢固掌握，如图6-8所示。

图6-8　松鼠AI的个性化服务

　　企业要想在智能教育领域占据优势地位，就必须有独特的竞争力。松鼠 AI 以线上教育为发力点，做到了因材施教，能够根据不同学生的不同性格制定个性化学习方案。例如，有些学生喜欢轻松、活泼的讲课方式，有些学生喜欢专业、严谨的讲课方式，松鼠 AI 能够根据他们的偏好为他们推荐合适的教师。此外，松鼠 AI 还可以根据学生的知识掌握情况和学习目标，为他们规划科学的学习难度和顺序，确保他们不会丧失信心和斗志。

　　为了让教学系统更适应孩子们的学习需求，松鼠 AI 一直在提升算法的优越性。目前，国内超 3 000 家学习中心已经开始使用松鼠 AI 教学系统，这不但使教育的公平性得以实现，也将为社会提供更多全方位人才的智能培养方法。

第 7 章

智能医疗：让科幻照进现实

近年来，人工智能在医疗领域的应用不断加深。随着语音交互、计算机视觉等技术的成熟，使人工智能技术逐渐成为提升医疗服务水平的重要因素。人工智能不仅可以为患者提供更贴心的服务，还可以成为医生的好帮手，为医生的诊断和研发工作提供帮助。当前，许多大型医院引进了人工智能技术，一些医药企业也依托人工智能技术推出了更好的产品和服务。

7.1 人工智能与医疗融合的五种"姿势"

人工智能在医疗领域的应用体现在很多方面：智能机器人可以成为医生的医疗助理，帮助医生进行医疗训练，为医生搬送医疗器材等；在药物研发领域，人工智能可以有效降低研发成本；人工智能系统也可以辅助医生进行医疗诊断，提升诊断准确率。此外，人工智能更有助于实现精准医疗，让康养照护变得更简单。

7.1.1 智能机器人上岗，疾病诊断更迅速

智能机器人在医疗领域的应用并不少见，它可以成为医生的医疗助理，帮助医护人员完成一部分工作，这有利于减轻医护人员的负担。例如，武汉协和医院的医疗机器人——"大白"就是医护人员的好帮手、好朋友。

"大白"主要服务于外科楼的两层手术室，主要工作是配送手术室的医疗耗材。"大白"的学名是智能医用物流机器人，长度为 0.79 米、宽度为 0.44 米、高度为 1.25 米、容积为 190 升，可以承重 200 公斤。

在接到医疗耗材的申领指令以后，"大白"会主动移动到仓库门前，等待仓库管理员确认身份，打开盛放医疗耗材的货箱，扫码核对后出库。接下来，"大白"能够根据之前已经"学习"过的地图，把医疗耗材送到相应的手术室门口，医护人员只要扫描二维码就可以顺利拿到医疗耗材，这样可以大幅度降低医院的人力成本。

　　"大白"有一个非常聪明的大脑，可以准确实现对医疗耗材入库、申领、出库、配送、登记使用等全过程的管理。除了医疗耗材配送以外，"大白"还可以完成医疗耗材的使用分析和成本核算，并根据具体的手术类型，设定不同的医疗耗材使用占比指标，并以此进行医疗耗材使用绩效评估，从而促进医疗耗材的合理使用。

　　其实诸如"大白"这样的医疗机器人还有很多，这些医疗机器人也有着各自不同的功能，如帮助医生完成手术、回答患者的问题、接受患者的咨询等。不过需要注意的是，医疗机器人只能算是一个辅助工具，它不可能，也无法承担所有的医疗工作。

7.1.2　人工智能助力药物研发，大幅缩减成本

　　众所周知，在医疗领域，药物研发是一件很困难的工作。传统的药物研发通常面临三大难题：第一，比较耗时，周期长；第二，效率低；第三，投资大。而且，即使药物已经进入临床试验阶段，也只有其中的极少数能够成功上市销售。

　　在多种因素影响下，药物的研发成本十分高昂，因此，越来越多的药物研发企业希望能够借助人工智能技术为药物研发赋能。借助人工智能技术，药物的活性、药物的安全性和药物存在的副作用，都可以被智能地预测出来。

　　目前借助深度学习等技术，人工智能已经在肿瘤、心血管等常见疾病的药物研发上取得重大突破。同时，利用人工智能技术研发的药物，在抗击埃博拉病毒的过程中也作出了重大贡献。在"人工智能 + 药物研发"层面，比较顶尖的企业有 9 家。这些企业大部分位于人工智能技术比较发达的英美地区，如表 7-1 所示。

表 7-1　世界顶尖的 9 家"人工智能 + 药物研发"企业

排名	企业名称及其所在地
1	BenevolentAI，位于英国伦敦
2	Numerate，位于美国圣布鲁诺
3	Recursion Pharmaceuticals，位于美国盐湖城
4	Insilico Medicine，位于美国巴尔的摩
5	Atomwise，位于美国旧金山
6	NuMedii，位于美国门洛帕克
7	Verge Genomics，位于美国旧金山
8	twoXAR，位于美国帕洛阿尔托
9	Berg Health，位于美国弗雷明翰

上表中的这些企业都是创新型企业。其中历史最悠久的是 Berg Health，于 2006 年成立；历史最短的是 Verge Genomics，成立于 2015 年；最出名的是 BenevolentAI，它是欧洲最大的药物研发企业，成立于 2013 年，目前已经研发出近 30 种新兴药物。

虽然出现了很多优秀的企业，但是对于"人工智能 + 药物研发"，科研界人士并不是一味看好。从目前的情况来看，人工智能在药物研发方面的成果的确有限。在没有看到更多成果前，部分专家对此存在疑问是难免的。但是，这只是一种暂时的现象，我们应该相信科学，相信人工智能可以使我们的身体更健康、生命更长久。

7.1.3　智能医学影像辅佐医生影像诊断

目前，很多医学影像仍然需要医生自己去分析诊断，这种方式存在比较明显的弊端，如精准度低、容易造成失误等。而以人工智能为基础的"腾讯觅影"出现以后，这些弊端就可以被很好地解决。"腾讯觅影"

是腾讯旗下的智能产品，在诞生之初，该产品只可以对食道癌进行早期筛查，但现在已经可以对多种癌症进行早期筛查了。

临床诊断结果表明，"腾讯觅影"的敏感度已经超过 85%，识别准确率也达到 90%，特异度更是高达 99%。不仅如此，只需要几秒的时间，"腾讯觅影"就可以帮医生"看"一张影像图。在这个过程中，"腾讯觅影"不仅可以自动识别并确定疾病根源，还能够提醒医生对可疑影像进行复审，使疾病得到早诊断。

"腾讯觅影"能够帮助医生更好地对疾病进行预测和判断，从而提高医生的工作效率、减少医疗资源的浪费。更重要的是，"腾讯觅影"还可以将以往的经验进行总结，提高医生治疗癌症等疾病的能力。

现在，很多企业在做智能医疗，但不是有成千上万的影像就能得出正确答案，而是要依靠高质量、高标准的医学素材。因此，在全产业链合作方面，"腾讯觅影"已经与我国多家三甲医院共同建立了智能医学实验室，而那些具有丰富经验的医生和人工智能专家也将联合起来，共同推进人工智能在医疗领域的真正落地。

目前，人工智能需要攻克的最大难点就是如何做到从辅助诊断到应用于精准医疗。例如，宫颈癌筛查的刮片如果没有做好采样，很可能会误诊。采用人工智能技术，可以对整个刮片进行智能分析，从而迅速、准确地判断是否是宫颈癌。

"腾讯觅影"的案例说明，在影像识别方面，人工智能已经发挥出强大作用。未来，更多的医院将引入人工智能技术，这不仅可以提升医院的自动化、智能化程度，还可以提升医生的诊断效率和患者的诊疗体验。

7.1.4　智能科技时代，精准医疗成为现实

精准医疗是一种新型的医疗模式，其遵循基因排序规律，能够根据个体基因的不同进行差异化医疗。由于精准医疗可以有效缓解患者的病痛，

达到最佳的治疗效果，因此实现精准医疗一直是很多医护人员的梦想。

精准医疗的发展离不开大数据、神经网络和深度学习等技术的应用，这三项技术是推动精准医疗前进的动力。

在人工智能时代，"数据改变医疗"已经成为一个核心理念。无论是中医还是西医，在本质上都是要深入实践，根除病痛，保障患者的身体健康。为深入医学实践，医生需要反复进行经验总结，运用统计方法找到治病的规律，最终达到药到病除的效果。借用大数据，通过云平台与智慧大脑的分析，医生可以更快地进行病情诊断。

例如，癌症一直是医疗领域的难题。每一个癌症患者的临床表现各不相同，即使是同一类癌症患者，他们的临床表现也不同。这给医生的临床治疗带来很大的困扰，更别说要做到个性化的精准医疗。

为了攻克医学难题，微软亚洲研究院的团队开始借助大数据技术钻研脑肿瘤的病理切片，这给癌症的预防与诊断提供了一个良好的思路。利用智能分析，医生能够很快判断出患者所处的癌症阶段；利用详细的数据分析，医生能够快速了解肿瘤细胞的形态、大小与结构。同时随着大数据的进一步发展，精准医疗的效率也会越来越高。

"神经网络＋深度学习"模式能够大幅提升精准医疗的精度，为患者带来更多福音。例如，微软亚洲研究院的团队利用数字医学图像数据库，自主搭建神经网络和深度学习算法，经过大量的医学实践，能够高效处理大尺寸病理切片。

在解决大尺寸病理切片的难题后，微软亚洲研究院的团队又实现了对病变腺体的有效识别。腺体是多细胞集合体，是人体的一种组织器官类型。腺体病变非常复杂，而且腺体病变的组合类型也具有指数增长的态势，很难通过人力识别。

"神经网络＋深度学习"模式能够让智能系统学习病变腺体和癌细胞的各种知识，同时，也能够快速了解癌细胞与正常细胞之间的主要差别。这样的智能系统能够帮助医生快速分析癌症患者的病情，也能够为医生提供治疗的相关建议。

此外，人工智能赋能的计算机具有强大的运算能力，能够有效弥补医生经验的不足，减少医生的误判，减少医疗事故的发生。大数据加持的计算机能够发现更为细微的问题，从而帮助医生发现一些意料之外的规律，完善医生的知识体系，提升医生的诊疗能力。

为了使精准医疗的效果更好，我们还需要不断进行技术的创新和方法的创新。例如，一些先进的医疗团队借助"语义张量"的方法，让智能医疗机器拥有庞大的医学知识库。所谓"语义张量"，就是让智能医疗机器学习医学本科的全部教材、相关资料和临床经验，用"张量化"的方式表示，最终让它拥有庞大的医学知识库。

随着人工智能的稳步发展，精准医疗的水平还将迎来质变。当然，精准医疗的发展仅依靠人工智能是远远不够的，还需要医生的主动学习和不断进步。只有这样，医生才可以更好地为患者服务，人类的健康才能更有保障。

7.1.5　AI 来临，康养照护更简单

在家里享受养老院般的服务、通过 App 帮助老人翻身、一只手表可以预防中风、远在千里外的子女能为父母尽孝、独居老人也可以被实时监护……这些看似很夸张的场景在人工智能时代已经成为现实。以人工智能为代表的互联网、物联网、大数据等技术正在推动康养照护领域"弯道超车"，该领域将朝着数字化、自动化的方向发展。

首先，人工智能助力智慧养老院建设。

人工智能时代，虚拟养老院不再是新鲜事物。子女可以在老人的家中安装智能监护设备，对老人进行 24 小时不间断监护；老人则可以在家中享受养老院般的服务。由智能监护设备代替子女对老人进行监护，在老人有需求时及时提供帮助，不仅可以降低康养照护成本，也可以在

不耽误子女工作的情况下让老人的居家生活更安全。

其次，智能产品让老人得到更好的护理。

海姬尔公司推出一款智能护理床（如图 7-1 所示）。利用护理床护理人员可以通过控制 App 为老人提供起背、屈腿等服务，也能帮助老人左右翻身，防止老人出现褥疮。此外，该护理床还放置了具有自清洁功能的智能马桶，让老人可以在床上如厕；床头的冷热水设备和排水系统可以帮助老人在床上洗头和洗脚；床尾的脚部支撑功能可以帮助老人减轻腿部受力。

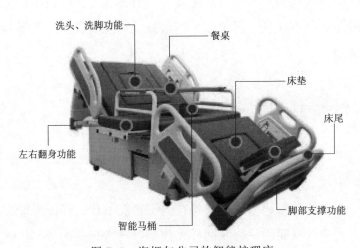

图 7-1　海姬尔公司的智能护理床

随着老龄化的发展，在将来，护理人员会比较稀缺。智能护理床等类型的智能产品可以满足老人的护理需求，在一定程度上降低护理成本，缩短护理时间。与此同时，护理老人的痛点和难点也可以消除，子女的护理压力可以得到缓解。

再次，人工智能让子女远程尽孝。

现在不少年轻人异地就业，子女与老人分居的现象十分常见，老人可能因此得不到很好的照护。现在微信有老人健康信息实时推送和服务在线预约等功能，身处异地的子女只需要与老人绑定微信，就能随时掌握老人的情况，甚至还可以为老人预约康养服务，提前为老人安排照护事宜，在线上实现远程尽孝。

最后，智能设备为老人打造安全保障。

老人可以配备多功能智能手环，随时随地对自己的心率、血压等身体情况进行监测。如果老人的身体出现异常情况，或者长时间静止不动，手环就会立即给预设好的手机号码打电话，并联系医院、报警，确保老人可以在第一时间得到帮助。

除了智能手环，智能机器人也可以助力康养照护，为老人提供贴心的照顾和精神层面的陪伴。陪伴型智能机器人集智能看护、语音聊天、视频娱乐、远程诊疗等功能于一体，给老人更细心、精准、优质的服务，使老人过得不那么孤独。

现在有康养照护需求的人群在持续增加，部分子女，尤其是独生子女面临较大的养老压力。随着人工智能等技术的渐趋成熟，越来越多智能产品、智能设备将出现并得到广泛应用。技术造福人类，养老问题在技术的助力下也许会得到更妥善的解决。

7.2　案例分析：数字化医疗方案大盘点

人工智能在医疗领域存在广阔的应用前景，正是因为看到了这一前景，越来越多的企业聚焦医疗领域，依托人工智能技术进行智能系统研发，并提出很多数字化医疗解决方案。这些实践应用在促进医疗领域发展的同时，也为其他医药企业、医疗机构提供了成功范例。

7.2.1 平安好医生打造人工智能医生

平安好医生是在线健康咨询和健康管理的移动软件，可为患者提供预约挂号、实时咨询和健康管理等医疗健康服务。平安好医生曾耗资30亿元打造人工智能医生，全面推进智能医疗。由于医患数量悬殊，就诊存在"排队两小时，就诊五分钟"的情况。面对就医困境，平安好医生自主研发出了人工智能医生进行辅助问诊工作。

人工智能医生不是取代医生直接给患者看病，而是代替医生完成一些重复性较高的初级咨询工作，实现医生的产能最大化。人工智能医生包含三项重要功能，如图7-2所示。

图 7-2 人工智能医生的功能

1. 智能辅助诊疗系统

智能辅助诊疗系统是人工智能医生进行问诊的核心，也是平安好医生在人工智能技术应用上的重大突破。智能辅助诊疗系统在分诊、导诊、转诊等方面都有良好的应用。在获得患者的允许后，智能辅助诊疗系统能够为患者建立"数据化病历""健康档案"等资料，使患者在寻医问诊时不必重述病情和携带大量资料。

2. 三端口多维服务

三端口分别指手机端、电视端和家庭端，不同的端口为不同年龄阶段的人群提供科学的医疗健康知识，如表 7-2 所示。

表 7-2　人工智能医生三端口多维服务

端口种类	面向人群	具体功能
手机端	年轻人群	年轻人群对手机的使用频率较高，移动端口可为其提供健康咨询
电视端	中、老年人群	通过电视为中、老年人群提供视频问诊，提供个性化服务
家庭端	全家人	通过安装智能家庭健康硬件产品，能够为全家人提供"家庭医生"服务

3. 现代华佗计划

人工智能医生整合从古至今的中医知识，包括浩如烟海的中医典籍、各种案例和各大研究机构的研究成果等，推出"现代华佗计划"项目。在该项目中，人工智能医生研发出中医的人工智能"决策树"，为患者提供科学、全面的中医诊疗。

一家三甲医院的日门诊量一般在几千人左右，而平安好医生推出的人工智能医疗问诊服务平均每天可提供 37 万次在线咨询，这相当于近百家三甲医院的日问诊量。而且，根据调查显示，人工智能医生的用户满意度高达 97%，因此，平安好医生的用户注册量也与日俱增。

正如平安好医生董事长王涛所说，随着技术的不断发展，人工智能和医疗结合是必然趋势。平安好医生在人工智能医生的应用基础上，将继续推进人工智能的基础性数据累积和研究应用，实现人工智能技术对医疗健康领域的全面渗透。

7.2.2 百度医疗大脑创新医疗模式

在智能医疗不断发展的背景下，人工智能问诊项目也得到众多公司的关注。百度作为我国互联网行业三大巨头之一，旗下的百度医疗大脑在人工智能问诊上已经取得突破性的进展。

患者通过百度医疗大脑可以实现人工智能问诊。在综合各项医疗大数据之后，百度医疗大脑能够给患者提供准确的问诊结果。

互联网早已跟医疗行业产生联系，许多软件提供在线预约挂号和在线问诊的功能，但这些功能依旧需要医生单独完成，效率很低。百度医疗大脑则不同，借助人工智能技术，患者在百度医疗大脑平台上就能得到病症的初步诊断，完成自诊。这样一方面降低了人们对一些疑似重大疾病所带来的恐慌；另一方面也能使人们提前发现真正的大病，尽早就医。

对于医生而言，百度医疗大脑的应用具有提高问诊效率的作用。通过输入信息，患者可在挂号时完成预诊工作，大大提高就诊的效率。人工智能可以为医生收集患者的各项数据，生成参考报告，方便医生进行诊疗决策。

百度医疗大脑能够实现智能问诊，是因为智能问诊的各项技术已经达到研发条件，如图 7-3 所示。

1. 语音技术

在实际生活中，很多患者，如老年患者、儿童患者等无法依靠打字或手写的方式完成病情描述，只能依靠口头描述，要想实现在线智能问诊，语音技术就是硬性要求。百度的语音技术处于世界前列，公司旗下的 Deep Speech 2 深度学习语音技术被《麻省理工科技评论》评选为十大突破性技术，为百度医疗大脑实现智能问诊提供了基础。

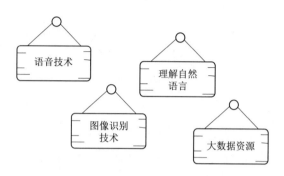

图 7-3　实现智能问诊的关键技术

2. 图像识别技术

很多疾病的发病症状十分相似，只有经验丰富的医生经过面诊后才能确定。智能问诊只依靠语音技术是无法实现的，必须有图像识别技术的支撑。百度的 Deep Image 可以实现图片内容的识别，这对病情诊断所需要的图像识别具有极为重要的意义。

3. 理解自然语言

除"听得见"（语音技术）外，"听得懂"（理解自然语言）也是人工智能问诊需要实现的目标。通过自然语言理解技术，智能问诊系统能够抓住患者的关键词，精准地确定患者的病情。百度搜索基于自然语言的理解技术，而百度医疗大脑在这方面的表现也十分出色。

4. 大数据资源

医生问诊依据的是丰富的临床经验，对人工智能来说，充足的医疗数据资源就是经验。随着大数据技术和人工智能技术的发展，智能问诊平台能够迅速检索医疗数据，并在智能问诊中不断积累医疗数据，丰富自身的数据库。百度医疗大脑囊括海量的医疗数据，包括各种权威教材、权威期刊和实际医疗病历数据，能够在深度学习这些资料后为患者提供精准的问诊服务。

百度前总裁张亚勤认为，技术一直都在为人类带来医疗上的改变，这种改变大致可以划分为三个阶段：第一阶段是将人与信息连接起来，使人们了解到一定的医疗信息，这一阶段已经完成；第二阶段是将人与服务连接起来，使患者能够更加便捷地获得医疗服务，这一阶段仍在进行中；第三阶段是将人与智能连接起来，通过百度医疗大脑的人工智能问诊平台，可以实现医疗的病前预测，而不是只局限于传统的病后治疗。

百度医疗大脑进军问诊领域，表明人工智能已经深入医疗的各个环节。随着人工智能技术的进一步发展，各项技术不断成熟，"人工智能＋医疗"一定会为人们带来更加便捷、高效的服务。

7.2.3　ExoAtlet 助力身障人士复健

每个人都希望自己可以有一身坚硬无比的铠甲，这样的铠甲其实有一个学名，即智能外骨骼。但是，如今的"智能外骨骼"仅限于让人们跑得更快、跳得更高或者是帮助身障人士进行复健。

智能外骨骼的发展速度一直很慢，直到匹兹堡卡内基梅隆大学的相关研究人员研发出一套新的机器学习算法，智能外骨骼的研究才迎来春天。机器学习算法的核心是深度学习，借助这项技术，智能外骨骼能够为不同的人提供个性化的运动解决方案或者个性化的康复方案。

如今，借助深度学习，智能外骨骼有了更为人性化的设计，给人们带来良好的体验。总而言之，基于人体仿生学的智能外骨骼有三个显著的优势：首先，智能外骨骼类似我们穿的衣服，非常轻便、舒适；其次，借助模块化设计的技术，能够满足用户私人订制的个性化需求；最后，借助仿生的智能算法，能够避免传统外骨骼僵化行走的模式，能够根据个体的身体特征，提供最优化的助力行走策略。

智能外骨骼最典型的产品就是俄罗斯 ExoAtlet 生产的产品。ExoAtlet 一共研发了两款智能外骨骼产品，分别是 ExoAtlet Ⅰ 和 ExoAtletPro，这两款智能外骨骼产品有着不同的适用场景。

ExoAtlet Ⅰ 主要适用于家庭场景。对下半身瘫痪的患者，ExoAtlet Ⅰ 简直是"神器"。下半身瘫痪的患者借助 ExoAtlet Ⅰ 能够独立完成行走，甚至能够独立攀爬楼梯。这样，身障人士就不用坐在轮椅上，整天由人照顾，也不会因长期卧床而感到悲伤。相反会因能够重新行走而获得快乐和自由。这就是人工智能带来的神奇效果。

ExoAtletPro 主要适用于医院场景。当然，相比 ExoAtlet Ⅰ，ExoAtletPro 有更多元的功能，例如，测量脉搏、进行电刺激和设定标准的行走模式等。这样的设置能够让身障人士获得更多的锻炼，使他们的康复训练更加科学，他们也会更快地恢复健康，恢复自信。

智能外骨骼产品拥有强大的性能，不仅能够大幅提升身障人士的生活质量，提高他们行走的效率，还成为行动不便的老年人最得力的助手。此外，对于普通人，智能外骨骼也可以发挥作用，例如，帮助人们攀登险峰或者在崎岖的山路快速行走。总而言之，在智能外骨骼的助力下，无论是身障人士还是健康人，都可以拥有更好的生活体验。

7.2.4　人工智能在听障、视障、口障方面的应用

ExoAtlet 可以助力身障人士复健，这是人工智能在身障方面的应用。

其实在听障、视障、口障方面，人工智能的表现也非常出色。

1. 人工智能在听障方面的作用

现在我国的听障人士大约有 7 500 万人，他们都想有自己的助听器，而且是在复杂环境下有很好聆听效果的助听器。人工智能为实现这个需求提供了基础。2021 年 10 月，索诺瓦集团旗下的最新助听器"迷你星·蔚蓝"惊艳亮相。该助听器融入了人工智能，可以适应不同听障人士的生活方式和行为习惯，并具备无线直连功能。

"迷你星·蔚蓝"应用了智能声景融合系统，有近千种环境分类，可以根据听障人士的周边环境将聆听效果调整到最佳状态。该助听器还可以采集数据，洞察听障人士的偏好和需求。这些数据可以为听障治疗专家提供医学建议，从而为听障人士定制个性化的听障解决方案。

2. 人工智能在视障方面的作用

眼睛是心灵的窗户，如果人的眼睛出现问题，那无疑是晴天霹雳。盲人有先天和后天之分。对于后天盲人，可以借助一些辅助性工具帮他们"观察"世界。例如，VA–ST 研发了一款智能眼镜 SmartSpecs，这款智能眼镜虽然不能帮助视障人士恢复视力，但能够让他们更大限度地呈现现有视力水平，帮助他们了解周围的世界。

SmartSpecs 上配有 3 个摄像传感器、1 个处理器和 1 个显示屏。虽然结构看似很复杂，但很容易佩戴。该眼镜可以与 Android 系统配合，借助 Mini 投影仪把精致处理过的图片投放到镜片上。佩戴眼镜的视障人士可以对这些图片进行放大或缩小等操作，从而查看周围环境的更多细节，满足视障人士的多样化需求。

但是，SmartSpecs 也存在一些缺点。例如，构成相对复杂，不够精致；在功能上，暂时不能与长距离的深度摄像头相配合，视力范围相对狭窄；

在价格上，由于研发成本高，价格也比较高，不能被所有视障人士接受。

为了解决上述缺点，VA–ST 正在测试 15 英尺范围的摄像头，希望可以使长距离的深度摄像头与 SmartSpecs 完美配合。在价格方面，VA–ST 也在进一步降低研发成本，将价格尽量控制在 1 000 美元以内。未来，在 VA–ST 的努力下，SmartSpecs 的功能会更加完善，视障人士也会因此获得更多光亮和美好。

3. 人工智能在口障方面的作用

在人工智能的助力下，美国科学家首次把脑电波转化为文字，将文字展示在计算机屏幕上，让口障人士可以与外界交流。此举在全球范围内获得广泛关注，尤其对于因为丧失说话能力而无法与他人进行沟通的人来说，这更是一个非常大的惊喜。

为了进一步完善把脑电波转化为文字的过程，科学家招募了 5 名可以正常说话的癫痫病患者，在他们的大脑中植入了用于确定病灶的电极。

这样科学家就可以在患者说话的过程中监测并记录其大脑语言中枢的具体活动情况，同时将活动情况与声道运动数据结合，形成一套深度学习算法并对它进行高强度的训练。然后，科学家将这套算法整合到解码器中，先将大脑信号转化为声道运动，再把声道运动转化为合成语音，帮助口障人士表达自己。

当然，短时间内使合成语音变得非常自然和清楚还不太可能，但有了人工智能，至少让口障人士有了与外界交流的途径。随着各项技术的不断成熟，解码器可以更好地学习和利用语音规律，把口障人士想说的每句话都翻译出来。

第8章

智能文娱：有创意才有新意

　　人工智能在社会中的应用十分广泛，正如 2020 年全球人工智能技术大会中，中国人工智能学会名誉理事长所说的那样："人工智能已经被广泛应用到社会生产和大众生活的方方面面，新媒体和社交娱乐领域也不例外。"人工智能为社交娱乐领域带来新的发展基因，智能媒体不断涌现，新的社交玩法层出不穷，新奇的娱乐体验越来越多。

8.1　智能媒体时代，文娱有无限可能

人工智能的发展催生智能媒体，并成为智能媒体发展的核心动力。智能媒体产业不断完善，在信息采集、内容生产、内容风控、媒体经营等诸多方面都有所应用。借助人工智能，智能媒体能够更高效地对文字、图片等进行处理，完成新闻播报、新闻创作等工作。

8.1.1　从泛娱乐到智能文娱

泛娱乐是以粉丝经济为核心，以互联网为传播媒介，涉及影视、动漫、文学、游戏、音乐等多元文化的网状娱乐业态。简单来说，泛娱乐是文娱行业与互联网相融合的产物。泛娱乐自从被腾讯提出以来便蓬勃发展，已经彻底改变传统的运营理念。

在泛娱乐时代，各娱乐业态以 IP 为核心和纽带，相互交织渗透，依托粉丝效应和市场热度，形成一条成熟且完整的产业链。在这条产业链中——文学、动漫为培养和孵化层；影视、音乐为转化获利层；游戏、演出、衍生品为主要转化获利层，如图 8-1 所示。

由图 8-1 可以看出，各娱乐业态是产业链的节点，可以相互影响、相互促进，共同经营粉丝经济，炒作 IP 热度，实现多渠道转化获利，攫取红利。例如，由天蚕土豆（知名作家，原名李虎）所著的网络小说《斗破苍穹》已经被改编成漫画、电视剧、电影、游戏，并研发出相关的衍生品。这些娱乐业态从多个角度共同将《斗破苍穹》打造成一个超级 IP。

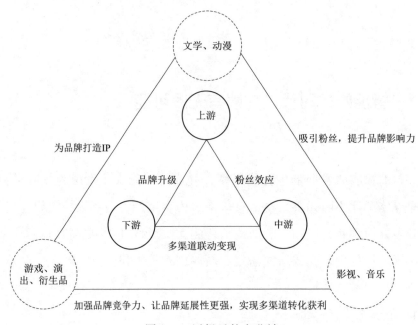

图 8-1　泛娱乐的产业链

《斗破苍穹》讲述了少年萧炎在逆境中成长，由弱变强，对抗神秘黑暗力量，一路披荆斩棘，最终收获亲情、爱情与友情，并成为一代英雄的故事。这样的主角形象非常契合当下年轻人的价值观，既有新意，也可以激发情感共鸣。而且《斗破苍穹》还塑造了宏大的世界观，具有深厚的东方文化底蕴，感染力极强，使人读之欲罢不能。

人物设定和情节设定使得《斗破苍穹》收获大量的粉丝，获得广泛的好评。该网络小说自从在阅文集团旗下的 QQ 阅读、起点中文网等多个文学平台连载以来，点击量已经达到百亿次，并获得多项荣誉。

那么，《斗破苍穹》为什么会有如此显著的成绩呢？这离不开阅文集团的帮助。

第一，阅文集团出版了《斗破苍穹》的电子书和纸质书，将其翻译成多种语言向全球发行，使其在国际范围内收获大量的粉丝。

第二，阅文集团将《斗破苍穹》改编成动画、漫画、有声书等多种形式，提升其在二次元领域的影响力，进一步扩展受众群体。

第三，阅文集团将《斗破苍穹》向影视和游戏的方向扩展。电视剧《斗破苍穹》一经播出便有很高的收视率；官方正版游戏《斗破苍穹：斗帝之路》的下载量也十分惊人。

第四，阅文集团为《斗破苍穹》研发衍生品、修建主题公园等。

通过打造多娱乐业态，阅文集团使《斗破苍穹》获得了"众星捧月"般的效果，满足了广大受众群体的需求，在粉丝中掀起一波又一波的热潮。此外，利用粉丝效应，阅文集团达成多渠道转化获利的目标，是泛娱乐时代的一个典范。

泛娱乐已经发展十几年，大量的影视剧和游戏先后上线，使得市场日益火爆。对此，很多人都会思考，泛娱乐发展至今是否已经触碰到"天花板"？很显然没有。既然如此，泛娱乐接下来的发展方向是什么？答案就是智能文娱。

智能文娱是人工智能与泛娱乐的完美结合，是泛娱乐的升级。当人工智能这项先进技术与泛娱乐的运营模式相遇，文娱行业将迸发出蓬勃的生机和活力，谱写出更辉煌的篇章。

8.1.2　惊奇！智能机器人也可以写稿

除了新闻播报，智能媒体还可以自主进行内容创作，完成新闻信息的采集和撰写。例如，云南省首个写稿机器人"小明"，能写出涉及日常出行、天气预警、民生菜价、演出活动等众多方面的民生新闻，而且创作速度非常快，1秒就可写出100多字的稿件。

"小明"的系统中融合了人工智能、自然语言处理等技术，使其可以对全网的消息进行融合分析，发掘出重要的内容，用模板转换成自然语言后，发布成稿件。换句话说，"小明"能够通过算法将获取的信息转化成稿件，这份稿件在自然语言技术的处理下能够符合人们的阅读习惯。

"小明"的工作流程如图 8-2 所示。

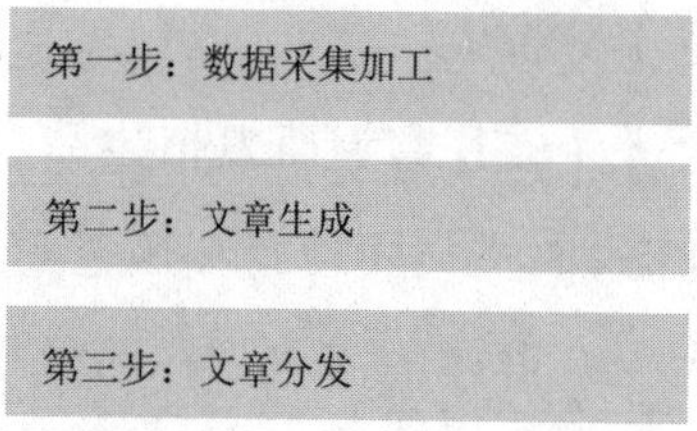

第一步：数据采集加工

第二步：文章生成

第三步：文章分发

图 8-2 "小明"的工作流程

第一步：数据采集加工

数据采集加工过程包括对材料的深度挖掘、领域知识整合等过程。

第二步：文章生成

文章生成过程包括人工模块规划和文章输出两大模块，主要解决文章内容写什么、怎么写和如何呈现等问题。"小明"能够对已有的文本素材进行语句的分析、筛选和融合加工，以秒速生成文章。

第三步：文章发布

"小明"生成文章后，将发布在掌上春城、昆明报业传媒集团等众多新媒体平台上。除此之外，智慧城市全网综合服务平台"我家昆明"以及都市时报等媒体也会不定期发布"小明"生成的相关稿件。

写稿机器人的大量案例证明一个事实：人工智能正给稿件创作领域带来革命性的变革。与人类相比，人工智能写稿机器人具有速度快和数据处理能力强的特点，能够在极短时间内进行数据、信息的收集和分析，然后生成稿件。

人类记者则在对事件进行演绎、联想等更高层次的分析上更具有优势。当人工智能机器人能够快速地完成稿件书写后，人类将不再需要进行简单、重复性的工作，可以有更多的精力去完成更有深度的文章。

8.1.3　智能文娱的未来发展：Metaverse

1992年，美国科幻作家尼尔·斯蒂芬森在其小说《雪崩》中描述了一个平行于现实世界的虚拟世界Metaverse。人们可以通过Avatar（化身）在这个虚拟世界中游戏、社交、沟通。2021年3月，沙盒游戏平台Roblox将Metaverse写进了招股书并成功上市。

此后，Metaverse的另一种译称"元宇宙"开始火爆投资圈，并逐渐引起越来越多互联网巨头的关注，如前文提到的Facebook。现在人们的想象力被极大地激发，提出了更多关于元宇宙的设想。例如，美剧《西部世界》中就设计了一个类似元宇宙的玩法，游客进入虚拟世界后，可以根据自己的喜好体验个性化旅程；电影《头号玩家》完整地描绘出元宇宙的样子，为大众构建和呈现一个极具真实感的虚拟世界，如图8-3所示。

图8-3　《头号玩家》中的虚拟世界

此外，米哈游也宣布与上海交通大学合作，共同开发脑机接口，此举被认为是米哈游在布局元宇宙，为元宇宙提供交互入口。米哈游旗下的虚拟角色鹿鸣更是被部分文娱专家解读为米哈游在大胆尝试自主研发虚拟形象。一时之间，米哈游似乎从游戏公司变成了元宇宙公司。

2021 年 6 月，米哈游又与主打社交元宇宙概念的 Soul 达成合作，积极参与 Soul 私募配售，金额高达 8 900 万美元。对米哈游而言，无论从游戏角度还是元宇宙角度来看，投资 Soul 都是一个非常正确的选择，毕竟 Soul 主打的年轻用户与米哈游的二次元群体十分契合。

除了米哈游，腾讯也致力于将元宇宙融入文娱领域。腾讯高级副总裁马晓轶在 2021 年的腾讯游戏发布会上提出"超级数字场景"概念，似乎有"定义元宇宙"的意味；华晨宇在《和平精英》游戏内举办虚拟演唱会（如图 8-4 所示），被看作是腾讯在元宇宙方面的实践活动；投资游戏《Roblox》（罗布乐思）体现了腾讯对元宇宙的重视。

图 8-4　华晨宇与《和平精英》的虚拟演唱会

Niantic 旗下的游戏《精灵宝可梦 GO》也跟元宇宙有一定的联系，该游戏试图打造一个由数字覆盖的虚拟世界，这个世界很有趣也很神奇。Niantic 目前借助《精灵宝可梦 GO》已经获得大约 2 000 万美元的投资，用来进行新一轮的技术创新。

由此可见，元宇宙已经非常深刻地影响了文娱领域，米哈游、腾讯、Niantic 的案例也进一步证实了元宇宙市场的火热。虽然在元宇宙可以发展多久这个问题上，大家众说纷纭。但不可否认的是，在光明前景的引领下，越来越多公司都推出了多样化的智能媒体。

未来，当越来越多像元宇宙这样的先进技术崛起后，人工智能、移动物联网、物联网、虚拟现实等技术会有更好的发展，智能媒体也将展现出更大的潜力。

8.2 智能文娱引爆新格局与新机遇

智能文娱是人工智能与文娱行业相融合所衍生出的新概念，是文娱行业的大趋势，不久的将来必然会以井喷之势迅猛发展，推动文娱行业发生深刻的、根本性的变革。在文娱行业发展的关口，一个新的契机已经显露。文娱行业的从业者应该欢欣鼓舞，因为在人工智能的推动下，新一波红利已经浮现。

8.2.1 技术跨界文娱催生新经济

由历史可知，任何技术的出现都会给人们的生活、社会经济的发展带来变革。当人工智能从方方面面渗透进文娱行业时，智能文娱新经济也势必会被催生出来。此前，在生产上，公司简单地制作产品，产品制作出来后能否赢得受众的喜爱是一个未知数；在宣传上，公司则广撒网，不惜投入巨资，希望所有人都知道自己的产品，但这种做法的转化获利能力是否与投入相匹配呢？公司不能准确预测出来。其实，这种传统的运营模式具有很强的盲目性。

相较于传统的运营模式，智能文娱新经济的特点就是更个性化、小众化，产品更贴近受众。公司通过用户画像，对用户进行细分，有针对性地为用户生产产品，使产品受到欢迎，提升用户的黏性，并利用这种"精细化"运营，为自己带来丰厚的利润。人工智能是如何打造智能文娱新经济，帮助公司实现"精细化"运营的呢？方法如图8-5所示。

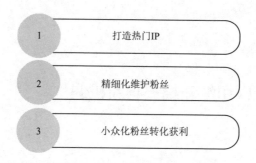

图8-5 智能文娱新经济精细化运营的方法

1. 打造热门IP

当一个优质的IP被挖掘或生产出来后，公司该如何做好这个IP，使之尽可能多地被受众群体了解并接受呢？用人工智能就能做到这一点。人工智能可以根据IP的特点，将其与相应的用户匹配，在较短时间内引起用户的关注，为该IP建立粉丝群。

例如，今日头条、西瓜视频、抖音就利用人工智能进行有针对性的内容分发，帮助IP快速吸引更多的粉丝。内容生产方可以在这些平台上发布视频供粉丝欣赏，并制造话题，引发讨论，制造传播爆点。

2. 精细化维护粉丝

通过优质的IP成功吸引粉丝以后，公司还可以用人工智能了解粉丝，打通线上与线下，对粉丝进行个性化维护。如今，"90后"与"70后""80后"相比，在文娱观念上有着翻天覆地的变化。前者往往不会去计较性价比，而是相对任性地满足自己的需求。

此外，年轻人的群体性比较强，有自己的圈层文化，一经带动，就会争先恐后地购买。因此，公司可以针对年轻人的心理状态和思想观念，建立粉丝群，在粉丝群中不断掀起讨论热潮，并研发衍生品，使粉丝在生活中全方位接触产品，与IP建立牢固的情感联系。

3. 小众化粉丝转化获利

正所谓众口难调，IP要想符合所有人的喜好几乎是不可能的。大众化的产品往往难以引起人们的情感共鸣；而小众化的产品由于更能贴合人们的想法和观点，可以激起强烈的认同感，再加上高频联系与精准触达，必然会激发强大的消费潜力。

此外，智能文娱新经济还有一个特征，就是消费场景多样化。例如，观众在观看视频时，会发现一些广告随着人物的语言在屏幕上弹出来，与故事情节相互衬托，诙谐幽默，令人捧腹。在视频达到高潮，观众的情绪被充分调动起来后，更多的广告会涌现出来，引导观众消费。这都是人工智能在对场景进行有效识别后有针对性地分发广告。

人工智能在文娱行业落地，并赋能商业，打造出智能文娱新经济。如今，这一模式方兴未艾，未来也必将成为主流文娱商业营销模式，并因此改变人们的生活，引领消费观念，变革经济结构，为社会的发展注入新的活力。

8.2.2 智能文娱的商业生态

小米创始人雷军说："只要站在风口上，猪都能飞起来。"如今，在智能文娱的风口上，资本巨头也开始闻风而动，加入用人工智能改造文娱行业的行列中来。

1. 今日头条用人工智能撰写新闻稿

今日头条既是一家媒体公司，也是一家科技公司，致力于通过个性化推荐向每一个用户提供符合其兴趣的新闻、电影、音乐、体育、购物等资讯。今日头条作为人工智能领域的后起之秀，近年来发展势头十分迅猛。

今日头条研发出了一款名为 xiaomingbot 的智能写稿机器人。该写稿机器人作为一款业界领先的产品，具有很多方面的优势：

第一，xiaomingbot 写稿的速度非常快，可以在 2 秒内完成稿件并将其发布出去。从数据库对接、信息搜集，到文本的生成、润色，整个过程只需要 2 秒，几乎与电视直播同步，可以帮助媒体抢占先机，及时完成报道，获得更多的关注和流量。

第二，xiaomingbot 的拟人化程度高，所写稿件质量高，并非千篇一律。它可以根据赛事的胜负和比分情况，适当改变语气，以迎合读者的"立场"，并运用很多具有感情色彩的词语，如"实力不俗""笑到了最后"等，以增加可读性。

第三，xiaomingbot 写的稿件类型多样。它既可以根据指令要求写赛事短讯，也可以快速生成赛事简报等长篇文章。

第四，xiaomingbot 可以自动筛选图片。它可以在数据库中自动筛选与内容相符的图片并上传，使稿件更形象、生动，达到图文并茂的效果。

经过不断的改造和升级，xiaomingbot 已经可以写涵盖科技、财经、房产等十几种类型的稿件，并且能对多个领域的热点进行跟踪报道。如今，xiaomingbot 与光明网、《财经》杂志、《大河报》等主流媒体达成战略合作，为这些媒体供稿，输出优质的内容。

2. 极链科技 Video++ 用人工智能赋能视频

极链科技 Video++ 是一家新兴的科技公司，经过多年在人工智能领

域的深耕，其独创的智能系统 Video AI 与视频互动操作系统 Video OS
为大量的知名公司提供服务。如今该公司已经建立以视频广告、视频电
商、IP 运营为核心的业务矩阵。

在视频广告方面，极链科技 Video++ 推出 ASMP 系统。该系统可
以利用人工智能对视频进行结构化分析，将视频与广告融合在一起，以
便在最优的时间点，以最合适的形式进行品牌营销。借助该系统，品牌
的曝光度能得到进一步提升。

在视频电商方面，极链科技 Video++ 推出场景购物系统、商品物流
系统、电商订单系统、文娱营销工具，并借助爱奇艺、腾讯、优酷等视
频平台的流量，与电商开展合作。

在 IP 运营方面，极链科技 Video++ 参与了 67% 全网热门 IP 的运营，
如《盗墓笔记：沙海》《火星情报局》《爸爸去哪儿 6》《明日之子》《中
餐厅》《妈妈是超人》等。

一场智能革命正在如火如荼地开展，文娱行业也将迎来一场由人工
智能掀起的热潮。在这场热潮下，无论是资本雄厚的知名公司，还是拥
有前沿技术的新兴公司都在力争将自身的优势与人工智能相融合，不断
进行尝试，探索智能文娱的发展之路。

8.3　如何掘金智能文娱

文娱的使命和意义是丰富人们的精神生活，给人们带来安慰和愉悦。
然而，公司也是要获利的，因为只有获利，公司才可以获得足够的资金，
才能够生存发展，为人们创作出更多、更好的内容。本章就通过运营的

各个层面，为大家讲述如何掘金智能文娱。

8.3.1　智能文娱的整合营销思维

整合营销作为一种结合互联网、智能科技的营销手段，昭示着营销的未来发展方向，将成为公司提升获利能力与知名度的有力"武器"。整合营销重在"整合"，面对的对象是多样的，可以是渠道，可以是品牌，也可以是文娱业态。

在进行整合营销时，我们要做的是按照一定的逻辑将元素有效地整合在一起，使它们相互配合，相得益彰，发挥各自的作用，使品牌能全方位触达粉丝，提升产品的影响力和获利能力。下面分析视频媒体平台爱奇艺的整合营销策略。

爱奇艺是百度旗下的视频网站，近几年发展迅猛，已经构建涵盖泡泡、奇秀直播、纳逗等各大 IP 业务资源的娱乐生态，并能联动品牌、渠道、社交、电商、智能终端，实现站内站外多渠道一体化，打造泛娱乐的消费场景。

此外，爱奇艺还拥有百度的技术优势，可以利用大数据，对各娱乐业态下的用户进行聚合，为电影和视频量身定制高流量入口。显然，这些"豪华配置"为爱奇艺的整合营销奠定了基础，提供了有力保障。

例如，爱奇艺利用资源优势成功推出了网络电影特色专场"东方奇案季"。"东方奇案季"整合了 7 部电影，分别为《狄仁杰之幽冥道》《画皮师 2》《狄仁杰之蛊尤血藤》《御前法医大仵作 2》《狄仁杰之异虫谜案》《开封降魔记》《狄仁杰之西域妖姬》。

1. 将 7 部电影整合在同一个主题下进行宣传

在宣传造势上，爱奇艺根据这 7 部电影的风格，制订出"天机不可泄露"的主题，上线了一款专门以"东方奇案季"为核心的广告。爱奇艺将 7 部电影整合在一起，首创了"多片预约、联动营销"的整合营销模式，取得很不错的成绩。

在营销配合上，爱奇艺整合 5 家制作公司，对 7 部电影进行统一规划。通常来说，网络电影的制作成本不是很高，所以营销成本也比较低。在这种情况下，只有进行整合营销，才能在节约成本的前提下，使 7 部电影都得到更好地推广。

爱奇艺聚合了 7 部电影的主题和特点，在每部影片中都抓取最有代表性的元素进行统一编排，使它们组团出击，集体造势，相互借力，共享用户，进一步拔高热度，为整个"东方奇案季"带来持续的影响力。

2. 整合线上的营销渠道，并与线下联动，打造出立体的营销网络

在线上，爱奇艺利用大数据对用户的观剧倾向和喜好进行画像，通过预约、泡泡、社区、圈子、爱奇艺号等工具，将"东方奇案季"的宣传海报和文案精准推送给有相关兴趣的用户，并在电影上线后不断制造相关话题，引发用户的热烈讨论。

在线下，爱奇艺基于用户画像，在潍坊、廊坊、开封等城市开展 11 场定向路演，覆盖范围从新一线城市到四、五线城市。在活动中，主办方不仅邀请制作方与观众互动，讲述幕后故事，还创新玩法，将电影中的情节和场景"复制"到现场，让观众参与"解谜互动"游戏，通过选取幸运谜牌解答谜题，充分调动观众的热情，也使影片获得良好的传播效果。

通过爱奇艺打造"东方奇案季"的案例可以看出，整合营销也是一门艺术，需要营销人员根据自身的资源配置，发挥想象力，创新玩法，利用一切可以利用的资源，将优势最大限度地展现给用户，达到预期的

目的和效果。

8.3.2 发展策略：重视智能创意的价值

随着人工智能、大数据、物联网、区块链等技术的日趋成熟，人们开发创意的方式更多样，智能创意的价值日益凸显，智能创意时代到来。智能创意时代有以下两个特点。

第一，智能创意改变了文娱行业的原始资本模式

在很多国家和地区，创意已经成为一种产业，并且可能成为经济发展的主流。例如，韩国打出"资源有限，创意无限"的标语；日本喊出"创意关系到国家兴亡"的口号；新加坡通过一系列政策，积极营造氛围，推动创意产业的发展，争当华语世界的"创意之都"。

事实证明，创意产业已经影响了很多传统产业，成为帮助国家和企业创造财富、积累资本的主力军。如今，在一些发达国家，创意产业可以创造高达 220 亿美元的财富，并且以超过 5% 的速度增长。此外，有50% 以上的人从事与创意相关的工作。

英国是最早提出创意产业概念的国家，也是第一个以政策推动创意产业发展的国家，其建立了以奖励投资、设立风险基金、供给贷款、举办区域财务论坛为核心的一套完整创意产业财政扶持系统。现在英国的创意产业遍布音乐、游戏、电影等诸多领域，已经发展成为一个支柱产业，例如，英国有很多著名的动漫作品，以阿德曼动漫工厂制作的《酷狗宝贝》为例，该动漫作品获得过奥斯卡金像奖，受到观众的支持和喜爱。

第二，每个人都可以成为智能创意达人

科技的飞速发展使创作的门槛儿越来越低。以往，创意对专业性的要求非常高，创作者不仅要掌握美术、构图等专业知识，还要熟练使用设计软件。如今，此类操作变得越来越简单，创作者可以很轻松地掌握。

在盗墓笔记、鬼吹灯等热门 IP 的带动下，一系列以盗墓为题材的产品开始出现。例如，《鬼语迷城》就是以盗墓为主要情景的角色扮演型手游，该手游通过对目标受众进行调查，针对"低成本、高收益"的营销需求，作出了以下决策：

（1）针对目标受众进行扩散式投放；

（2）专注 SEO 搜索引擎优化，对关键字、词进行交叉优化、叠加使用，以达到最优效果；

（3）划分对盗墓题材感兴趣的用户，研究用户内在需求、喜好，进行单独投放；

（4）借助文字、图片、视频等形式提升推广效果。

这样的决策在实现创新型投放的同时，也兼顾了用户的精准度，可以激活潜在的"沉默用户"，最终使日均流量不断上涨，并产生较高的投资回报率。在智能创意时代，各种各样的创意不断涌现，成为国家和企业发展的助推器。因此，优质的创意将变得弥足珍贵，谁拥有优质的创意，谁就占据了发展的制高点。

如果你是一家企业的经营者，你是否心甘情愿地守在"微笑曲线"的末端？你的企业没赶上工业革命的末班车，也远落后于信息革命的前进步伐，难道想再一次错过智能创意经济时代吗？因此，你要和史蒂夫·乔布斯一样，用创意变革商业，使企业在创意经济时代的发展浪潮中蒸蒸日上。

8.3.3　突破传统，丰富娱乐形式

借助人工智能进行创作其实与数据库创作大同小异，这个过程需要

依赖数据库，而且数据库中的数据越全面，创作的质量就越高。例如，对于可以创作诗歌的智能程序来说，要想创作出雅俗共赏的诗歌，必须拥有一个海量数据库。即使如此，智能程序还可能在很多方面存在缺陷，如没有新意、句子过于平顺、渲染敷衍等。

除了诗歌创作，人工智能对其他种类娱乐作品的创作也都是数据库创作。例如，美联社、雅虎网、福布斯网就通过人工智能，依托新闻报道模板创作财经类、体育类的新闻报道。此外，在有几千本文学名著作为模板的基础上，智能机器人用了三天的时间创作出《真爱》，该书籍成功在俄罗斯出版。

在创作娱乐作品的过程中，创新和个性是两个必不可少的因素，这两个因素恰是人工智能所缺乏的。无论是智能机器人、智能程序，还是智能产品，其创新能力依然源于人类。例如，Aaron 是被视为真正具有创新能力的智能创作软件，但由其创作出来的画，依然是在模仿某些知名画家的风格和色调。对此，有的画家明确表示，如果 Aaron 可以创作出一幅风格独特的画，那才算得上具有创新能力。

娱乐工作者还必须要有个性，这样才可以创作出带有个人风格的作品。然而，由人工智能创作的作品尚无个性可言，依然停留在对现有作品进行模仿、复制、重组的阶段。因此，无论是谁，只要运用同一款智能产品的生成软件，就可以创作出风格相似或完全相同的作品。

例如，如果比较张小红的《石狮生长服装》《城市幽远》与肖诗的《少男少女》《听》就可以发现，这几个作品没有本质的区别，无论是字、词的排列组合，还是句式结构都非常相似。

不同娱乐工作者之间应该体现出个性，同一娱乐工作者的不同作品也应该体现出个性。在这一方面，人工智能尚待发展。可见，要想提升自己的竞争力和作品的质量，娱乐工作者应该保持初心，充分发扬自己的个性和优势。

8.4 案例分析：智能文娱的事业运营

技术将改变文娱领域，这是时代的趋势，处于文娱领域的企业要面对时代的洗礼。在这种情况下，只有积极拥抱未来，企业才可以有美好的明天，因循守旧者很可能被时代淘汰。我们不能因些许成就洋洋得意，而要因势利导，积极转变运营思维。

8.4.1 快手：用人工智能打造商业化优势

快手的商业化进程已经进入新阶段，官方推出了快手营销平台，为广大用户提供更丰富、优质的体验。之前，人们在快手上不会刷到很多广告，但现在，广告在快手上出现的频率增加许多，而且出现了游戏、电商、本地服务等类型的信息流广告。

信息流广告市场是一个千亿级的大市场，受到很多企业的关注，市场竞争也较为激烈。在快手的商业化进程中，信息流广告是重点，"人工智能＋社交"是核心。从视频创作、视频发布、视频推荐，到人们观看视频，整个流程都利用人工智能实现。

快手的信息流广告能够将各大品牌提供的视频，利用长期积累的数据，搭配人工智能、云计算等技术，将视频与对视频感兴趣的人相匹配，从而提升品牌的曝光度和影响力。随着快手的商业化潜力被不断挖掘，以及年轻用户的消费需求越来越强烈，备受年轻用户支持和认可的快手前景可期，人工智能也将为快手创造更大价值。

未来，在人工智能、大数据等技术的助力下，快手将推出新业务，通过不断增强商业化能力帮助各大品牌实现精准营销，沉淀社交资产。快手将成为品牌的专属营销阵地，进一步拓宽品牌的商业边界。此外，快手坚持用户体验为先的原则，推动商业化可持续发展，同时携手合作伙伴共同打造健康、体系化的"百亿生态圈"，以更大的步伐向百亿目标迈进。

8.4.2　抖音：智能运营策略解析

凭借抖音这一视频平台，字节跳动已经成为科技领域的佼佼者。在抖音上，精心编排的舞蹈可能会一夜爆火，可爱、软萌的小猫可以获得数百万点赞。"抖音 5 分钟，人间 2 小时"，充分展示出抖音的强大魅力。这个魅力的背后是由人工智能驱动的智能推荐算法，即根据用户的喜好精准推荐视频，让用户一旦打开抖音，便欲罢不能。

例如，当用户对某支视频进行转发、收藏、下载等操作时，系统就会继续给用户推荐相似的内容。如果用户没有这种操作，那么系统就会默认为用户推荐当下的热门视频。总之，智能推荐算法的出现使抖音懂得用户喜欢什么，想要看什么内容。

抖音的一些特效，如美白、瘦脸等，以及道具，如虚拟帽子、眼镜等，也与人工智能相关。用户可以利用手势对画面进行控制，唤醒某个功能，这些奇妙的效果不是"黑科技"，而是借助人工智能的人脸识别、肢体识别、身体部位识别等弱智能神经网络算法实现的。

抖音融合了人工智能技术、内容运营和数据算法挖掘，使大量视频不仅没有出现混乱、冗杂的现象，反而让用户产生持续观看的欲望，使用户在毫无察觉的情况下上瘾。

第 9 章

智能金融：推动金融普惠性

当前，在技术提升和网络金融平台发展的影响下，人工智能技术在金融领域也有了广泛应用，提升了金融机构的服务水平。在人工智能的加持下，金融机构能够为人们提供更智能、更人性化的服务，从而进一步提升自己的竞争力。

9.1 智能金融比传统金融优秀在哪儿

金融领域中所涉及的数据和计算体量是十分庞大的，因此，人工智能在金融领域的应用空间十分广泛。人工智能技术的发展，使其在金融领域的应用更加深入，对金融领域产生的影响更加深刻。

9.1.1 服务成本低，可以节约资源

云计算、大数据、深度学习等技术推动人工智能浪潮的到来。这些技术可以简化服务流程，从而提升服务效率。对于金融机构而言，效率的提升在一定程度上意味着成本的降低，可以为客户带来更多便利。

人工智能的应用能够提升工作效率。金融领域工作效率的提升并非一步到位，而是经过四个严密的步骤达成的，分别是金融业务流程的数据化、数据逐步资产化、数据应用场景化和整个金融流程的智能化。

随着数据的不断积累和优化整合，智能金融将不断拓展、细分场景，不断提升业务效能。人工智能在金融领域的应用，对金融领域产生了深远的影响。例如，在瑞士曾经有一个千人交易大厅，现在已经不复存在。这是因为业务越来越少吗？其实不是。它们的交易量增长了好几倍，只是交易人员已经被机器替代。

再如，高盛的交易大厅，交易人员由 600 个减少为 4 个，大多工作都由机器完成。因为机器能够精准抓取数据、高效执行程序，工作效率远超人工。

以上这些虽然只是简单的案例，但是透露出很多信息。在金融领域，人工智能的工作效率要远高于人工。越来越多的交易人员逐渐被机器替代，为金融机构节约了大量的成本和人力资源。

9.1.2　边界进一步拓展，出现新业态

"人工智能 + 金融"不仅是一个前瞻的概念，也是可以应用到各个细分领域的大趋势，是融合发展时代下的产物。人工智能能够贯穿金融业务的各个领域，拓展金融服务边界，将金融服务细分为服务场景与服务人群。

PPmoney 就是典型的金融理财工具。借助人工智能，PPmoney 能够遵循基础理念，做到产品分类明确、客户分层清晰、千人千面理财和提供智能撮合服务。PPmoney 不断进行产品的迭代，如今在智能风控、智能借贷、智能理财、智能投顾和智能评分领域，都有很不错的成绩，深受客户的欢迎和喜爱。

金融机构也在努力探索如何借助人工智能提升金融服务的智能化水平。金融服务提升智能化水平的关键在于应用先进的人工智能技术，借助"人工智能 + 金融服务"模式，提升挖掘与分析金融数据的能力，提升市场行情的分析能力与预测能力，提升满足需求的服务能力以及提升金融风险的管理与防控能力。

此外，在人工智能与金融融合发展的道路上，以技术开发为核心的互联网巨头已经做出许多积极有益的尝试。互联网巨头不断拓展金融服务的边界，不断尝试构建新的金融生态体系，使更多的客户受益。

最著名的案例就是百信银行。百信银行由百度与中信银行联手打造。在人工智能的浪潮下，在天时、地利、人和的条件下，百信银行迎来发展契机。对于百信银行，百度曾经用最简单、最有力量的话语表述："我

们要借助人工智能，把百信银行打造成最懂客户、最懂金融产品的智慧金融服务平台，真正让金融离客户更近一点。"

在金融领域，百信银行逐渐加大对智慧金融服务平台的建设力度。目前已经有 300 多家金融机构与百信银行展开合作，并接入智慧金融服务平台，实现全面的数据共享。在智能服务领域，百信银行借助人脸识别、语音识别等技术，逐渐进行智能金融产品的商业化落地，不断提升客户的使用体验。

未来，百信银行将打造更先进的智能金融产品，这些产品将与客户的手机相连接，这样客户就可以足不出户享受智能金融服务。在技术的快速推进下，百信银行真正能够做到让复杂的金融服务变得更加简单、便捷。

"人工智能＋金融"的道路虽然还很漫长，但是随着各项技术的成熟和落地，金融服务的边界势必被进一步拓展。与此同时，金融机构也会推出更有价值、更智能化的金融产品，以便为客户创造更好的消费环境，提供更完美的金融服务。

9.1.3 越来越强大的风控能力

现在无论是银行、保险，还是证券，抑或是其他的金融机构，都在运用大数据、人工智能、云计算等技术提升自己的风控能力，以降低成本，改善客户体验。由此可见，优质的金融服务离不开完善的风险控制。

人工智能应用于金融领域的一个亮点就是借助各种智能算法和智能分析模型提高金融风控的能力。金融领域的很多专家都认为，人工智能要在金融风控领域发挥力挽狂澜的作用，必须满足三大条件，分别是有效的海量数据、合适的风控模型和大量的技术人才。

1. 金融风控离不开数据

数据应该很详细、具体。数据分析人员或者智能投顾机器人就能够借助这些数据迅速分析出客户的基本特征，描绘出客户的基本画像。例如，数据要包括客户的性别、年龄、职业、婚姻状况、家庭基本信息、近期的消费特征、社交圈以及个人金融信誉等信息。如果人工智能能够有效抓住这些有价值的数据，就可以很高效地进行金融风控，以及合理地进行金融产品的投资与规划。

金融风控的核心在于针对客户进行个性化的投资。只有借助大数据，仔细分析客户的金融消费行为，描绘客户的画像，才能够实现智能的金融风控。虽然金融风控蔚然成风，但是目前的技术发展仍处于初级阶段。

此外，人工智能特别注重数据的处理和分析，然而，如今的网络环境使得数据的安全堪忧。例如，日益开放的网络环境、更加分布式的网络部署，使数据的应用边界越来越模糊，数据被泄露的风险仍然很大。由此可见，金融机构必须重视客户的数据安全。

金融机构在获取客户数据、描绘客户画像时，必须征得客户的同意，特别是要利用技术手段告知客户，在获得客户的允许后，才能够获取客户的数据。

2. 金融风控离不开合适的风控模型

风控模型离不开大数据、云计算等技术。金融机构可以借助超高的运算分析能力，不断对海量的客户数据库进行数据优化，从而更精准地找到客户，留存客户，最终使客户成为产品的忠实粉丝。此外，合适的风控模型也能够提高客服的效率，使客户的满意度更高。

3. 金融风控离不开大量的技术人才

技术人才是新时代的一种新兴人才，他们不仅要有金融学领域的专业知识，还要具备专业的智能分析能力。金融机构只有汇聚这样的技术人才，才能够进一步提升金融风控的能力，创新金融风控的方法。

当然，金融风控也离不开社会各界的广泛支持。教育部门要不断实施教育体制改革，培养更多的技术人才；企业要加大人工智能方面的资本投入，促进人工智能的尽快落地；社会精英、商业人士要不断深入实践，深入生活，发现场景化的智能金融应用，寻找新的商机。在产学研的配合下，"人工智能＋金融"将获得更好的发展。

9.2　人工智能在金融领域的应用场景

在不久的将来，人工智能就可能介入大多数的金融交易。在智能投顾方面，Wealthfront 做得有声有色，掌控了大量的资金；在资产管理方面，Betterment 拥有强硬的技术支持和完善的服务渠道，深受客户喜爱；在金融信贷方面，读秒优化了金融机构的信贷决策，降低了借贷方和金融机构的风险。

9.2.1　在线智能客服惠及员工与客户

金融咨询是金融领域最常见的业务，人工智能的发展使金融咨询业务焕发了新的生机。人工智能在金融领域的一个典型应用就是 AI 金融客服。AI 金融客服能够使金融咨询业务更加人性化、智能化和高效化。

1. 金融咨询业务更加人性化

金融行业属于高端的服务行业。金融机构只有满足客户的核心需求，为客户带来价值，才能吸引更多的客户选择自己的金融理财产品。涉及金融咨询这一具体的领域，金融机构必须为客户提供最完善的服务，才能够获得客户的认可。

在传统业务模式下，人们在银行办理业务总要排很长的队。由于服务的人数众多，银行的服务员工难免会情绪爆发，如果客户也情绪不好，双方很容易发生口角，这也将降低金融机构的服务水平，给金融机构带来负面影响。

AI 金融客服的出现能够有效地避免这一问题。借助语音识别技术、视觉识别技术、大数据技术和云计算技术等，AI 金融客服的整体表现会更像一个"人"，而且比真正的客服人员更有礼貌，态度更和善。

AI 金融客服拥有人工智能的加持后，能够智能回答客户提出的各种金融问题。而且 AI 金融客服在回答问题时，不会带有任何不良情绪，始终能够以平稳的语调跟客户沟通。同时，在视觉识别技术的支持下，它能够高效解读客户的面部表情。如果客户对 AI 金融客服的回答有任何的疑虑，它可以直接联系更专业的人员，让他们做出更满意的解答。

此外，AI 金融客服还能够形成"多渠道并行、多模式融合"的客户服务通道。例如，AI 金融客服可以通过电话、短信、微信和 App 等多种形式，与客户进行智能对话。借助自然语言处理技术，AI 金融客服能够听懂客户的语言，理解客户的真实意图，从而提供更具有人性化的服务。这种人性化的设计能够为金融机构带来更多的客户。

2. 金融咨询服务更加智能化

专家系统的注入与深度学习技术的应用，推动金融咨询的智能化。借助这些高科技，AI 金融客服能够变得更加聪明。尤其是通过深度学习技术，AI 金融客服能够自主学习，并且可以回答客户常见的金融问题。

这就能够有效提升金融客户的留存率和转化率。

3. 金融咨询服务更加高效化

大数据技术的加持将会大幅提升 AI 金融客服对数据的处理能力。金融行业与社会的各个行业都有交集，无疑是一个巨大的数据交织网络。在金融行业中，沉淀着海量的金融数据，这些数据内容庞杂，不仅有各种金融产品的交易数据信息，还有客户的基本信息、市场状况的评估信息、各种风控信息等。这些数据资源要么有用，但是未能全面挖掘其内在的价值；要么无用，却泛滥于市场。

这些庞杂的数据对专业的金融咨询服务人员来说，无疑是一个巨大的障碍，金融咨询服务人员提取关键的、有效的信息，要耗费巨大的时间成本和大量的精力。而大数据技术的加持和人工智能算法的应用，可以优化数据，把最有价值的金融数据提取出来，为客户提供最优质的金融咨询服务，这样就能够从根本上提高金融咨询服务的效率。

9.2.2 自动化的融资授信决策与借贷决策

人工智能的快速发展促使智能信贷发展成为金融领域的先锋力量。智能信贷是指一种智能化的信贷模式，其所有的信贷流程都能够在线上完成。借助大数据、云计算和深度学习技术，智能信贷在核心层面变革了传统的信贷模式，包括收集金融资料、处理金融数据、分析金融结果、作出相关决策等方面的模式，提升了客户的体验。

同时，智能信贷的时效性越来越强。智能信贷的客户群体多为小额贷款人员，由于信贷金额不大，再加上大数据处理问题的能力越来越强，放款速度将越来越快，很多燃眉之急都能及时解决。

智能信贷有三大发展趋势，如图 9-1 所示。

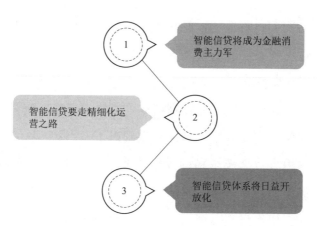

图 9-1　智能信贷的三大发展趋势

1. 智能信贷将成为金融消费主力军

信贷是最常见的一种金融需求。可是，在传统的借贷模式下，客户的信贷需求不能够及时得到满足，原因主要有两个：一是传统银行的信贷审批流程过于烦琐，信贷消耗的时间较长；二是民间的信用借贷利率高、渠道过于复杂。这些因素导致人们无法享受到便捷化、高质量、高效率的信贷服务。

各种先进技术在信贷业务中的应用将有效改变这一局面。在人工智能、大数据、区块链、云计算等技术的融合应用下，智能信贷产品也如雨后春笋般涌现。各大互联网巨头纷纷布局，研发自己的智能信贷产品。目前，市场上比较流行的智能信贷产品多数是互联网巨头研发的，如京东的白条、腾讯的微粒贷等。

2. 智能信贷要走精细化运营之路

精细化运营的关键是利用大数据技术和深度学习算法，建立一套完善的风控系统。在金融界有一句流传已久的经典语录："最好的风控就是不借给任何人一分钱。"如果智能信贷产品能够做到不借给不信任的人一分钱，那么这套智能信贷产品的风控水平可谓是极高的。

当然，智能风控只是智能信贷精细化运营的一个环节，要做到更精细化的运营，金融机构还需要在高信用度客户的获取、贷款催收和复贷策略等方面采取一定的措施，具体要做到以下三点：

第一，利用大数据技术精确锁定优质客户，给他们推销智能信贷。一般来讲，优质的客户是"低风险、高频率"的客户，他们经常使用信贷产品，并且信用值很高。锁定这样的客户能够保证转化率，提升智能信贷产品的价值。同时，精细化、专业化的服务也能够吸引更多的种子客户，提高产品的品牌价值。

第二，利用神经网络算法、云计算等，对客户的信贷情况进行监测、评估。在进行信贷评估时，借助人工智能技术能够预测出客户贷款催收的成本与收益，并根据这些数据，选择最合适的催收方式，从而有效保证贷款催收效率。

第三，在复贷策略上也要坚持精细化运营。此时运营的重点是分析客户的还款行为以及客户的重复消费次数等基本数据。对于信用值较低的客户，则相应地减少其信贷额度；对于严重失信的客户，收回账款后，应拒绝再为其提供借贷服务。当然，对于优质客户，还要用更优惠的政策激励他们使用智能信贷产品。

3. 智能信贷体系将日益开放化

金融领域非常注重边际效应。智能信贷只有保持开放的体系，才能够获得更大成功。开放的体系必须讲究深度的合作，这也是很多智能信贷机构或智能信贷企业努力的方向。

例如，读秒科技就非常注重与其他行业的深度合作。读秒科技有一套独特的服务模式，通过提供模块化的产品，保证智能信贷产品的灵活性，能够自由嵌入不同的消费场景中。目前，读秒科技已经与携程、乐视商城等多家企业达成了合作，也深受客户的认可。

整体来看，智能信贷产业链的打造遵循由数据到技术再到智能决策这一不可逆的内在逻辑顺序。根据这一逻辑顺序，研发满足客户需求的智能信贷产品，必然能够在人工智能的浪潮中获得高额的盈利。

9.2.3　金融预测与反欺诈

人工智能赋能金融监管合规化，金融机构利用人工智能技术保证金融的安全性、规范性，目的是加强对金融工作的规划和协调，节约金融监管的成本，提升监管的有效性，以便更有效地甄别、防范和化解各类金融风险，从而更好地为客户服务。

随着金融监管合规成本的不断上升，很多金融机构都意识到只有不断精简监管申报流程，才能够有效提高数据的精准性，并且降低成本。

金融监管合规领域的专业人士普遍认为，人工智能监管科技能够实时自动化分析各类金融数据，优化数据的处理能力，避免金融信息的不对称。同时，人工智能监管科技还能够帮助金融机构核查洗钱、信息披露和监管套利等违规行为，提高违规处罚的效率。

人工智能金融监管主要借助两种方式进行自我学习，分别是规则推理和案例推理。

规则推理学习方式能够借助专家系统，反复模拟不同场景下的金融风险，能够更高效地识别系统性金融风险。

案例推理的学习方式主要是利用深度学习技术，让人工智能金融系统自主学习过去存在的监管案例。通过智能的学习、消化、吸收和理解，人工智能金融监管系统就能够智能、主动地对新的监管问题、风险状况进行评估和预防，最终给出最优的监管合规方案。

目前，人工智能的核心科技——机器学习技术已经广泛应用于金融监管合规领域。在这一领域，机器学习技术有三项应用，如图9-2所示。

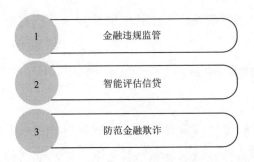

图 9-2　机器学习技术在金融监管合规领域的三项应用

1. 金融违规监管

机器学习技术能够应用于各项金融违规监管工作中。例如，英国的Intelligent Voice 公司研发出基于机器学习技术的语音转录工具，这种工具能够高效、实时监控金融交易员的电话，这样就能够在第一时间发现违规金融交易中的黑幕。Intelligent Voice 公司主要把这种工具销售给各大银行，银行的金融违规监管也因此受益。再如，位于旧金山的Kinetica 公司能够为银行提供实时的金融风险敞口跟踪，从而保证金融操作安全、合规。

2. 智能评估信贷

机器学习技术能够智能评估信贷。机器学习技术擅长智能化的金融决策，能够在这一领域有很大的作用。例如，Zest Finance 公司基于机器学习技术研发出一款智能化的信贷审核工具，这款工具能够对信贷客户的金融消费行为进行智能评估，并对客户的信用评分，这样银行就能够更好地作出高收益的信贷决策，金融监管也会更高效。

3. 防范金融欺诈

机器学习技术还能够防范金融欺诈。例如，英国的 Monzo 公司建立了一个 AI 反欺诈模型，这一模型能够及时阻止金融诈骗者完成交易，这样的技术对银行和客户都大有裨益，银行的监管合规能力能够得到进一步优化，客户则可以规避风险，避免造成财产损失。

9.3　案例分析：金融机构如何布局 AI 战略

人工智能在金融领域有广泛的应用，出现了一系列极具代表性的案例。例如，美国的 Wealthfront 平台在智能投顾方面做得十分出色；腾讯打造了腾讯金融云，为客户提供更便捷的服务；京东金融借助人工智能系统进行风控监督，极大提高了金融借贷服务的安全性。

9.3.1　Wealthfront 通过 AI 优化投顾业务

受"人工智能＋金融"的影响，智能投顾在各个国家迅速崛起，并出现了很多出色的应用案例，其中美国的智能投顾平台 Wealthfront 最为典型。Wealthfront 可以借助计算机模型和云计算技术，为客户提供个性化、专业化的资产投资组合建议，如股票配置、债权配置、股票期权操作、房地产配置等。

Wealthfront 具有五个显著的优势：成本低、操作便捷、避免投资情绪化、分散投资风险和信息透明度高，其竞争力和影响力主要源于这五个优势。当然，Wealthfront 能获得快速发展也离不开强大的人工智能和超强竞争力的模型、美国成熟的 EFT（Electronic Funds Transfer，电子资金转账系统）市场、优秀的管理团队与投资团队、完善的 SEC（Securities and Exchange Commission，美国证券交易监督委员会）监管。

首先，Wealthfront 的发展离不开强大的人工智能和超强竞争力的模型。Wealthfront 具有强大的数据处理能力，能够为客户提供个性化的投资理财服务。借助云计算技术，Wealthfront 还能够提高资产配置的效率，极大地节约费用，降低成本。此外，借助人工智能技术，Wealthfront 打造了具有超强竞争力的投顾模型，该模型充分融合了金融市场的最新理论和技术，可以为客户提供权威、专业的服务。

其次，美国成熟的 EFT 市场为 Wealthfront 提供了大量的投资工具。美国的 EFT 种类繁多，而且经过不断的发展，美国的 EFT 资产规模已经达到万亿美元，能够满足不同客户的多元需求。

再次，Wealthfront 的发展离不开优秀的管理团队、投资团队。Wealthfront 的许多核心管理成员都来自 eBay、Apple、Microsoft、Facebook、Twitter 等世界知名企业。投资团队的成员各个"身怀绝技"，投资经验丰富，拥有良好的人际关系资源。

最后，Wealthfront 的发展离不开完善的 SEC 监管。美国的 SEC 监管比较完善，SEC 下设投资管理部，专门负责颁发投资顾问资格，在这种健全的监管体制下，Wealthfront 才能顺利地进行理财业务和资产管理业务。

多种因素的综合叠加，使得 Wealthfront 越来越强大，借助智能推荐引擎技术能够为客户提供定制化的金融服务。此外，智能语音系统又能够及时为客户提供优质的线上服务，大幅节省客户的时间，提高客户的使用效率。

总而言之，Wealthfront 充分发挥了人工智能的价值，通过对各项技术的综合使用，可以在降低成本、提升效率的同时，为客户提供更好的体验。

9.3.2　腾讯金融聚焦云端服务

面对新时代智能化的变革，腾讯金融提出了"人工智能即服务"的战略，致力于打造腾讯金融云。腾讯金融云的客户囊括四大银行、各大股份制银行、城市商业银行、农村商业银行、民营银行、互联网金融保险公司、传统保险公司、证券公司、基金公司等各类金融机构，是我国金融科技企业使用最广泛的平台之一。

在智能金融到来之际，腾讯金融云总经理胡利明认为，"采用云架构、链接、数据智能、Reg Tech（监管科技）是当前金融科技发展的新趋势。"

首先，采用云架构能够为现代金融企业带来更大的业务弹性和更快的响应速度，让互联网金融获得更好的场景适应性；在新场景出现时，也能够保障业务的安全性和合规性。其次，链接是互联网时代的基础，是行业机构与客户沟通的前提。再次，利用人工智能技术挖掘数据背后的价值可以使金融企业变得更加智能。最后，Reg Tech 的应用符合金融监管趋于严格的发展趋势。

腾讯金融云在人工智能领域已蓄力 20 多年。在提出"人工智能即服务"战略后，腾讯金融云致力于在多个层面上提供新的人工智能开放服务。在人工智能的三大核心能力，即计算机视觉、智能语音识别和自然语言处理上，腾讯金融云为金融企业提供 25 种人工智能服务，如智能客服、智能投顾、智能风控等，助力金融企业构建智能金融生态。

华夏银行已与腾讯金融云签约，双方将以创建联合实验室的方式进行合作，共同深化人工智能技术在金融企业的应用，推动腾讯金融云在金融领域作出更多贡献。

此外，腾讯金融云和中国金融认证中心签署合作协议，为金融安全、认证等增加安全保障。在未来，中国金融认证中心提供的数字证书、安全控件等产品将基于腾讯金融云在人工智能方面的优势，以云服务的方式提供给互联网客户，增加金融企业的安全、合规性能。

腾讯金融云"人工智能即服务"战略推动金融企业打造智能金融生态圈，助力金融企业的安全、合规与升级。

9.3.3 京东金融借人工智能防范金融风险

京东金融曾获得"金融界奥斯卡"——年度信贷风控技术实施奖，这是由《亚洲银行家》杂志颁发的国际风险管理行业成就大奖，表明京东金融的风控能力得到国际权威的认可。这份成绩的获得与京东金融充分利用人工智能技术开展业务密切相关。

在京东金融中，绝大多数的业务通过自动化的职能程序完成，一半以上的员工从事智能数据开发和研究工作。京东金融业务依靠先进的人工智能技术构建了一整套风控体系，包括深度学习能力、风险画像、高维反欺诈模型等。

京东金融通过分析客户的浏览行为等数据，检测客户账号是否异常。例如，当客户的账号被盗时，违法人的行为路径一般是先查看客户的账户余额，然后将余额转化为可以兑换现金的贵重商品，如金饰、银饰等。通过人工智能技术，京东金融能将这种异常行为分辨出来，并运用于风控技术中，及时提醒金融业务人员核查客户账号是否安全。事实上，凭借风险实时监控体系，京东金融已经配合警方破获多起网络诈骗案件。

京东金融在消费金融领域的风控体系也表现出色。以京东白条为例，在京东金融授信于客户时，人工智能技术可以提前过滤掉信誉不高的客户，如互联网恶意用户、金融失信用户等；然后依据客户洞察、大数据征信等对客户进行进一步筛选，形成客户白名单。

在金融反欺诈方面，京东白条实施全流程监控，客户的每次账户行为都将接受后台的安全扫描。后台程序对账户行为进行实时监控，及时识别潜在的恶意行为及存在高风险的账户和订单，防止客户实施欺诈。

此外，京东金融还利用设备指纹、生物探针和模式识别等多种智能技术，深度学习理解客户的正常行为，以便及时发现账号的异常登录和异常交易行为。

京东金融的战略定位是金融科技，积极采用人工智能技术等先进技术是京东金融发展金融科技的基础。人工智能技术能够将风控系统量化，为客户带来个性化、高效的服务体验。如今，京东金融正在深化人工智能在金融风控领域的应用，使金融变得更规模化、安全化，推动了普惠金融的实现。

9.3.4　建设银行打造智能化无人网点

我们可以想象这样的场景：在银行里听着智能扩音系统传出的声音，只需"刷脸"就可以办理各种业务。有了人工智能，这样的场景就成为现实，将为人们带来智能化、自动化的便捷体验，例如，建设银行打造了智能化无人网点，用智能机器和智能显示屏取代柜台，还引入智能外汇兑换机、VR 设备、机器人等。

在这些设备的助力下，建设银行无人网点的工作人员数量不断减少，通常只需要一个大堂经理和两个保安人员就可以维持正常运营。无人网点能够承办各种金融业务，还可以为人们提供包括 VR 看房、购物、书城在内的优质生活服务。

无人网点的流程与传统银行比较相似。在迎宾区，机器人可以识别"存取款""申请信用卡"等关键词，并为客户发放排队号码；加载了人脸识别技术的闸机则可以认证客户的身份，已经通过认证的客户能够很通畅地完成业务办理。

在业务办理区，存取款一体机可以帮助客户办理存款或者取款等业务，该设备具有语音导航、二维码取款、刷脸取款、理财产品查询等功能。以刷脸取款为例，客户只要绑定手机号，上传相关信息和照片，便可以通过刷脸的方式取出一定数量的钱。

智慧柜员机的功能比存取款一体机更丰富，包括存取款、个人开户、挂失、换卡、银行卡激活、卡年费减免、实物贵金属销售、理财产品购买、修改密码、ATM 转账设置、汇款、小额免密免签、账户升降机、销户、账户概览查询、开户填单、打印相关文件等。

随着技术的发展，网点智能化、无人化、特色化、社区化已经成为一种趋势。近年来，此类网点的布局速度不断加快，这有利于降低人力与运营成本，为银行进行"轻型化"升级奠定基础。在无人网点方面，建设银行采取的是"综合销售服务中心"模式。

未来，建设银行将向书店、品牌商店等方向靠拢，打造集金融、交易、娱乐于一体的现代化共享场所。在"综合销售服务中心"模式的基础上，建设银行预备使线上、线下齐头并进，完成智能金融和新零售时代的"两侧包剿"。

9.3.5　微众银行：中国首家互联网智能银行

2014 年，深圳前海微众银行股份有限公司（以下简称微众银行）作为我国首家互联网智能银行正式成立，在金融创新史上写下新篇章。

与其他银行相比，微众银行有着与众不同的使命——让智能金融普惠大众。该银行不仅获得了政府层面的支持，而且有日新月异的技术作为发展引擎，致力于服务传统金融服务难以企及的长尾客户。

在天时、地利、人和的绝佳契机下，微众银行踏上了一条特殊的发展道路。微众银行的科技团队凭借着坚毅、敢于创新的精神，攻克了很多技术难题。例如，团队积极研究可用 AI 与可信 AI，结合微众银行的业务痛点，将自然语言处理、大数据、计算机视觉等技术应用于金融，基于智能金融建立了更完善的产品和服务体系。

在运营方面，微众银行通过人脸识别、自动化柜台等帮助客户进行身份检验和业务办理。这不仅提升了微众银行的服务效率，还可以控制和降低风险；在营销环节，微众银行利用大数据和强大的算法，精准识别客户需求，为客户提供更满意的产品和服务。

现在 98% 左右的客户会话都由客服机器人回复，这些机器人的回复速度非常快，回复准确率也很高，可以提供 24 小时服务；智能身份核实系统利用人工智能防御各类违规操作，如抠图面具、视频恶意剪辑等，防御准确率高达 99%。

在技术越来越重要的时代，消费习惯和支付方式的自动化、数字化趋势都非常明显。金融领域也将进入智能化、线上化服务阶段。微众银行作为这个阶段的先行者和佼佼者，会继续重视技术的作用，致力于为客户提供智能化、便捷化的产品和服务。

第 10 章

智能营销：技术引爆千人千面模式

在营销方面，很多企业都在寻找适合自己的营销战略，而在人工智能迅速发展的当下，越来越多的企业将人工智能技术应用到企业营销中。传统营销已经不能满足企业和消费者的需要，借助人工智能技术发展千人千面的新型营销已是大势所趋。

10.1 智能营销之内容形式变革

随着技术的日益成熟，人工智能在营销等商业领域的应用范围正在逐渐扩大。目前，人工智能使营销的内容形式发生了巨大变革，例如：竖屏视频与 MG 动画成为主流，获得众多企业的追捧；AR/VR/MR 盛行，进一步优化了消费体验。

10.1.1 竖屏视频与 MG 动画崛起

最近几年，内容营销成为营销领域的"香饽饽"。相关数据显示，90% 以上的 B2B 企业使用了内容营销，85% 以上的 B2C 企业也使用了内容营销，这些企业在内容营销上的平均花费占据了所有花费的 25% 左右。

如今，人工智能让内容营销的效果变得更好，同时也变革了内容形式。例如，在视频类的内容中，竖屏视频与 MG 动画成为主流，对企业的品牌推广和产品宣传产生了极大的影响。

1. 竖屏视频

从横屏视频到竖屏视频的过渡，也是从"权威教育"语境到"平等对话"语境的过渡。很多时候，竖屏视频不仅是广告，更是生活化的原生内容。而且在观看竖屏视频时，企业与用户之间的距离更近，用户往往更容易沉浸在企业设定的情景之中。

此外，竖屏视频的视觉要更加聚焦，有利于突出卖点，抓住用户的注意力，可以把产品尽可能深入地传达给用户。可以说，竖屏视频有比较多的优势，所以作为营销的主体，各大企业必须掌握竖屏视频的几大玩法，具体如下：

（1）在图文时代，广告通常以海报的形式出现，如今的视频时代，宛如海报一般的竖屏视频成为手机上的动态宣传工具；

（2）可以在竖屏视频中融入一些比较重要的信息，如广告语、产品介绍、售后服务、促销活动等；

（3）如果把竖屏视频玩透，企业还可以使用一个全新的"套路"，即把竖屏视频做得像游戏一样，以闯关的形式突出产品的某些优势和特性。

2. MG 动画

MG 动画可以直接翻译为图形动画，即通过点、线、字将一幅幅画面串联在一起。通常，MG 动画出现在广告 MV、现场舞台屏幕等场景中，虽然它只是一个图形动画，却具有很强的艺术性和视觉美感。

不同于角色动画和剧情短片，MG 动画是一种全新的表达形式，可以随着内容和音乐同步变化，让观众在很短的时间清楚企业要展示的内容。人工智能和 5G 的出现让 MG 动画变得更加流畅，衔接更加自然，其传播力和表现力也增强了很多。

如今，在产品介绍、项目介绍、品牌推广等方面，MG 动画都可以发挥很大的作用，该内容形式受企业和用户的喜爱。因此，在进行营销时，企业可以找专业人员制作 MG 动画，能更好地向用户展示产品的特性和优势。

竖屏视频和 MG 动画是营销领域的创新，这种与众不同的视角和玩法让企业更接地气，能够为企业创造巨大的发展空间。

10.1.2　VR、AR、MR 受到广泛欢迎

人工智能发展起来之后，与之相关的技术也受到了广泛关注，比较有代表性的是 VR、AR、MR。其中，VR 代表虚拟现实技术（Virtual Reality，简称 VR）；AR 代表增强现实技术（Augmented Reality，简称 AR）；MR 代表混合现实技术（Mixed Reality，简称 MR）。这些技术可以让用户拥有沉浸式体验，受到很多企业的欢迎。

1. VR、AR、MR 可以为用户呈现"家"的模样

在人工智能的应用中，智能家居十分重要，其覆盖范围也很广泛。就像乙方在提案时必须将所有图片"PS"到甲方的现实使用场景中一样，用户也想看到自己购买的家具放在家中究竟是什么效果。VR、AR、MR 可以让用户看到新家具放在家中的真实模样，这样就可以决定家具应该放在哪个位置。以宜家（IKEA）和家居电商 Wayfair 为例，他们都引入了 AR 为用户模拟家具摆放的真实场景，使用户的消费体验得到了极大提升。

2. VR、AR、MR 可以为用户呈现穿衣效果

在购买衣服时，用户最先想到的是"我穿上这件衣服会是什么样子"，而 VR、AR、MR 可以帮助用户解决这一问题。例如，曼马库斯百货为用户提供一面嵌入 AR 的"智能魔镜"，用户可以穿着一件衣服在这面镜子前拍一段不超过 8 秒的视频，再穿上另一件衣服进行同样的操作。如此，用户就可以通过视频对两件衣服进行比较，从中选出更加满意的那一件。

3. VR、AR、MR 可以解锁静态产品的动态影像，实现"化静为动"

阿里巴巴曾经在淘宝造物节期间应用了 MR，并与微软合作推出"淘宝买啊"MR 应用。有了 MR 的帮助，阿里巴巴为消费者打造了一个

300平方米的"未来购物街区"，在这个街区中，消费者喜欢的产品会被迅速识别，获得这个产品的动态影像。消费者还可以与数字化的虚拟明星形象互动，或体验MR游戏，从而全方位优化自己的购物体验。

4. VR、AR、MR可以告诉用户"产品是什么，应该怎么用"

很多企业都希望自己的产品在货架上就能让用户了解并购买，于是就利用手机与用户互动。例如，用户用手机扫描产品的二维码，就可以得到产品的详细信息并了解其使用方法。在星巴克上海烘焙工坊中，人们可以通过淘宝App的"扫一扫"功能和AR识别功能，观看烘焙、生产、煮制星巴克咖啡的全过程，体验咖啡文化的底蕴。

借助人工智能、AR、VR、MR，产品变得比之前更加真实、有触感，这有利于吸引和留存用户。当用户通过AR、VR、MR获得优质体验之后，会将产品分享到微博、微信、小红书、抖音等社交平台上，这种为产品进行二次宣传的举动，可以再次激发销售。

10.1.3　全息投影打造身临其境般体验

全息投影的核心功能是虚拟成像，即利用干涉和衍射原理记载并再现物体真实的三维图画。借助全息投影，消费者即使不配戴3D眼镜，也可以感受立体的产品，并从中获得身临其境的极致体验。尤其是在线上购物时，全息投影可以与消费者互动，消费者对产品的喜爱程度也比单纯的屏幕显示提高很多。

目前，在营销领域，全息投影主要应用于广告宣传和发布会中的产品展示，可以为消费者带来全新的感官体验。而人工智能的落地则可以将这种感官体验实时传递给不在现场的消费者，从而进一步扩大宣传的范围。

　　例如，某品牌推出了一款新的汽车，若想打动消费者，已经不能使用老套的"文字＋图片"的营销策略了，因为无法满足现代消费者的心理需求。营销人员需要寻求新的宣传手段进行产品展示，而全息投影就是一个很好的选择，展示效果如图 10-1 所示。

图 10-1　汽车的全息投影图

　　由图 10-1 可见，全息投影生动地展示了这款汽车的特色，让其更加鲜活地出现在消费者的面前。在相对黑暗的环境下，利用白色的线条勾勒汽车的轮廓，使其形成相对立体的模型，不同形状的图案交叠在一起，展现出汽车的细节，而明亮的颜色更能吸引消费者的关注。在消费者没有看到实物之前，通过全息投影图可以对汽车有大概的了解。

　　汽车不仅是方便出行的交通工具，也是自身生活水平的体现。全息投影可以根据品牌的需要，打造从颜色、形状到表现形式都能符合消费者偏好的设计。这样的设计可以突出产品的亮点，使产品得到更多消费者的喜爱，品牌也可以因此销售更多产品，获得更多利润。

　　与传统的产品展示不同，基于全息投影的产品展示能够运用生动的表现形式，赢得观众的喜爱。如果将全息投影应用于 T 台走秀，可以将模特的服装与台步展现得十分逼真，让观众有一种虚拟与现实相融合的梦幻感。

在元宇宙越来越火爆的当下，很多企业为了获得更多关注，在做营销时还把全息投影与元宇宙巧妙地融合。例如，泸州老窖创立了窖龄研酒所，通过非常有创意和科技感的沉浸式场景打造了一个"Metaverse"入口，吸引众多消费者前来体验。

在窖龄研酒所中，消费者可以感受打破时间与空间限制的神秘空间，开启一场沉浸式的探秘旅程。例如，消费者可以戴上特制的 MR 眼镜，亲自观摩位于数千公里外的泸州老窖酿酒车间，身临其境般一睹老窖池的"真容"；在"微生物宇宙"空间，消费者可以看到由有益微生物菌群组成的"星河宇宙"，感受置身星河之中的绝妙体验。

窖龄研酒所的沉浸式体验对消费者来说是非常炫酷的，可以让消费者对这个老牌企业有更清晰的认知，也可以让更多年轻人了解我国的酒文化。利用全息投影与元宇宙等热点技术，泸州老窖以一种全新的姿态面对消费者，为消费者带来更优质的体验。

未来，在人工智能的支持和推动下，全息投影、元宇宙的应用范围会更加广泛。总而言之，人工智能打破了时间与空间限制，使消费者获得远程实时体验，企业也可以更好地向消费者展示产品，提升自身的竞争力。

10.2 智能营销之广告宣传变革

对于专注营销的群体来说，技术是为用户创造优质体验的利器。H5 广告、跨屏广告、实景广告等也都是技术与营销结合的成果。在人工智能愈发成熟的当下，营销领域正在以最快的速度学习这项技术，并将其应用到实践中。

在广告宣传方面，人工智能也大有可为，整个营销生态圈也在这方面做了很多精彩的尝试。人工智能和一些其他新的技术会对企业有所启发，这也代表了未来广告宣传的走向。例如，人工智能让跨屏广告与实景广告迅猛发展。

10.2.1　H5 广告如日中天

H5 广告是一种数字广告，其传播途径非常多，如手机、iPad、计算机、智能电视等。总之，所有的移动平台都可以成为 H5 广告的入口。H5 广告刚上线时，虽然没有触及太多用户，依然在营销领域掀起不小的风浪。

如今，在人工智能、5G、物联网等技术的推动下，H5 广告的地位一路攀升，大有代替 App 广告的势头。5G 的超强数据传输能力和超流畅播放能力，使"一切在云端"成为现实。手机一旦不再需要存储功能，那么所有的 App 都不再是 App，而是一条 H5 链接。App 推广场景里的"下载""激活"将不复存在。

与此同时，基于人工智能的人脸识别技术也已经非常成熟，未来绝大多数企业都会依靠人脸识别帮助用户注册和登录。这意味着，在以 H5 广告为主要投放形式的企业中，不再出现"表单"注册，用户可以更为直接、便捷地使用产品。

在人工智能出现以后，广告转化模型不再像之前有很深刻的研究意义，而企业无论是否愿意，都将被迫把关注点转移到广告展示前的用户行为分析上。可以说，人工智能将打破传统的广告转化逻辑，以 H5 互动场景为基础的广告转化将成为发展趋势。

除了人工智能，5G 也有很大作用，例如，给小程序带来重大升级，甚至可能产生私有 App 模式。虽然私有 App 模式能否产生还是个未知数，这个结果是由数据协议和 App 相关标准的发展决定的，但是对于企业来说，这样的可能性不可忽视。

在技术普惠的时代，很多场景都会频繁出现，例如，在海底捞等待位置时，可以连入海底捞的 App，查询排队的实时情况和空闲位置的流转情况。这样的 App 还可以提供其他服务，例如，预先点菜、观看自己孩子在儿童区玩耍的实时影像等。

现在，H5 广告所具有的跨平台、轻应用等优势越来越突出，这也是为什么很多企业都要大力发展 H5 广告的一个重要原因。作为营销领域的新鲜血液，H5 广告兼具话题性和情感性，可以为企业带来创意上的突破，帮助企业在技术时代的市场竞争中取得成功。

10.2.2　跨屏广告与实景广告

试着想象这样一个场景：一个消费者走进一家购物中心，他看到购物中心一楼的屏幕正播放某个品牌的广告，并迅速对这个广告产生兴趣。于是，这个消费者开始在屏幕上点击广告，然后在弹出的菜单中选择"将此广告发送到我的手机"。

这样的场景可以借助人工智能、5G、物联网等技术完成。例如，通过输入手机号码等操作，让广告出现在手机上。此时，他只要点击广告，就可以直接访问该品牌的线上旗舰店，或者被十分精准的导航引导到品牌的线下门店。

由此可见，在上述技术的影响下，跨屏广告已经成为现实，并获得迅猛发展。跨屏广告能够让消费者的购物体验进一步升级，企业也将获得更多基于用户行为的数据，这些数据可以提升投放效果，促进产品销售。

与跨屏广告一同迅猛发展的还有实景广告。实景广告是通过 VR 或者 3D 投影，将具体位置的实际景象以互动的方式展示给消费者。这种广告非常适合房地产业、旅游行业、汽车销售、购物中心、游乐园、酒店等。

对于企业来说，实景广告就像开箱展示一样，可以带给消费者真实的体验和身临其境的感觉。5G 出现以后，网速大幅度提升，实景广告将代替简单的图片广告和视频广告，让消费者以任意视角和位置查看产品的细节。

当人工智能遇到 5G、物联网之后，跨屏广告与实景广告的呼声就一直高涨，这不仅是技术与创意的结合，更是企业与用户的连接。在这种交互式的营销策略下，单向传播开始转变为双向沟通，广告也变得"能听、会说、爱思考"了。

10.2.3　越来越程序化的线下广告

现在很多企业都在提倡线上线下共同发展，这样的理念已经延伸到广告宣传上。如今，线上广告已经实现程序化，原因有三个：一是支持实时动态物料展示的广告位；二是支持实时的数据采集和使用；三是按照 CPM 对交易进行结算。

人工智能和 5G 的出现，让线下广告跟上线上广告的步伐，也开始向程序化的方向发展，这一点可以从以下三个方面进行阐述：

（1）5G 的高网速能够支持实时的动态物料展示，甚至支持来自云端的视频和创意；

（2）高可靠、低延迟的传感器可以准确识别用户的特征与状态；

（3）线下广告的展示次数可以通过智能设备传给企业，这消除了 CPM 结算方式的障碍。

除此以外，技术还会改变线下广告的销售方式。例如，百度的"聚屏"，其价值只有借助人工智能和5G才可以真正体现出来。

程序化的线下广告使企业在合适的时间将重要的信息传递给精准的用户。无论企业制定什么样的目标，用程序化的思维发展线下广告都十分必要。这意味着营销将变得更加简单、有效，也有利于抓住增量市场。

10.3　人工智能 + 营销落地场景

人工智能和营销，这两个对企业比较重要的概念结合，将把未来的商业带向何方？试想一下，你和你的闺蜜一起走进一家门店，系统会自动引导你们关注适合自己风格、品位的衣服。人工智能让这样的场景不再只是想象。

作为行业内的佼佼者，京东、淘宝、盒马鲜生都在加速"人工智能 + 营销"的落地：京东打造智慧物流和智慧仓储；淘宝推出为"闺蜜相打折"的活动；盒马鲜生培养用户新的支付习惯。这些案例共同丰富了营销矩阵。

10.3.1　京东创新物流与仓储

京东虽然是一家以电商为核心业务的企业，却拥有自己的一套物流体系，而且这套物流体系，无论是配送速度，还是配送质量，都是有口皆碑的。当然，这些成绩的背后，少不了人工智能的助力和支持。

正因为如此，在众多物流几近瘫痪的情况下，京东物流依然可以屹立不倒。对京东的物流，消费者通常也会给出比较高的评价。在这样的基础上，京东始终没有停下布局智慧物流的脚步。

在智慧物流方面，京东希望使用无人机为消费者配送快递，但因为技术尚不成熟、监管等问题，短时间还很难实现。因此，京东开始研发无人车，并实现了使用无人车在校园内配送快递的目标，这使其迈出了智慧物流的重要一步。

除了智慧物流，京东还积极布局智慧仓储，无人仓是强大助力。无人仓可以大幅度缩短打包产品的时间，从而提高物流的整体效率。在京东的无人仓中，发挥强大作用的智能产品一共有 3 种：

（1）搬运机器人。搬运机器人体积比较大，重量大概 100 公斤，负载量则在 300 公斤左右，行进速度约为 2 米 / 秒，主要职责是搬运大型货架。有了这一机器人，搬运工作就简单很多，所需时间也短了很多。

（2）小型穿梭车。除了搬运机器人，小型穿梭车也发挥了重要作用。小型穿梭车的主要工作是搬起周转箱，将周转箱送到货架尽头的暂存区。而货架外侧的提升机则在第一时间把暂存区的周转箱转移到下方的输送线上。借助小型穿梭车，货架的吞吐量已经达到 1 600 箱 / 小时。

（3）拣选机器人。小型穿梭车完成自己的工作以后，拣选机器人就出场了。京东的拣选机器人 delta 配有前沿的 3D 视觉系统，可以从周转箱中对消费者需要的产品进行精准识别。通过工作端的吸盘，周转箱还可以接收转移过来的产品。相关数据显示，与人工拣选相比，拣选机器人的拣选速度要快 4 ~ 5 倍。

智慧物流和智慧仓储进一步完善了京东的物流体系，提升了京东的整体效率。在行业内，京东率先实现了大多数自营产品当日送达的目标，这是与其他企业进行竞争的有力武器。

10.3.2 淘宝致力于连通线上线下

新零售是人工智能催生出来的一个新概念，其本质是线上线下融合。在新零售方面，淘宝可谓是当仁不让的先行者。例如，"新势力周""淘宝不打烊"等线上活动都与新零售息息相关，而基于人工智能的"闺蜜相打折"则是一个非常出色的线下活动。

"闺蜜相打折"吸引众多消费者参与和支持。利用具有面部识别功能的智能设备，有没有"闺蜜相"一测试就可以知道，这样的新型互动方式迅速掀起一股狂潮，也实现了前所未有的立体营销。

在现场，消费者和同行的闺蜜只需要在智能设备前合影，该智能设备就可以根据二者面部相似度、微笑灿烂程度等指标给出一个"闺蜜相"分数（如图 10-2 所示）。不同的"闺蜜相"分数可以换取不同额度的优惠券，换取的优惠券可以在淘宝购物使用。

图 10-2　消费者正在获取优惠券

"闺蜜相打折"这样的线下活动是"快闪"时尚与人工智能的完美结合，是淘宝将 iFashion（淘宝的线上活动）融入消费者生活的一个创新方法，能让消费者拥有史无前例的购物体验。通过"闺蜜相打折"，淘宝可以贴近消费者、感受消费者，而消费者可以身临其境地体验潮流趋势，感受产品优异质量。

在新零售时代，"闺蜜相打折"是一次全新的尝试，它不仅植入新奇有趣的互动体验，激发消费者的积极性和热情，还将淘宝为生活增添色彩的理念融入产品之中，充分彰显了独特的时尚态度。

消费者永远不会停止对新鲜感的追求，如果企业只把重心放在线上活动上，那么将很难在碎片化、同质化的时代取得成功。而"闺蜜相打折"让消费者感受到了人工智能对新零售的加码，实现了技术与快闪模式的完美结合，给各大企业以启发。

10.3.3　盒马鲜生培养先进的付费习惯

盒马鲜生是一家综合型超市，但又不只是一家超市。它除了具有超市的功能以外，还是餐饮店、菜市场等。为了适应线上与线下融合发展和技术升级的趋势，盒马鲜生开创了线上支付策略。对于盒马鲜生来说，此策略的好处主要体现在以下几个方面：

（1）有利于收集到店用户和线上下单用户的所有消费数据；

（2）通过工作人员引导用户完成自有 App、支付宝的安装，可以把更多线下用户吸引到线上，从而大幅度提升用户的消费黏性；

（3）有利于进一步打通连接支付宝收银系统、支付宝电子价签系统、物流配送系统三者之间的通道，从而使盒马鲜生的运营模式得以优化，实现真正意义上的商务电子化。

此外，在支付宝和自有 App 的助力下，盒马鲜生也已经形成了自己的闭环：

（1）通过线上、线下两种方式对相关消费数据进行更深层次的了解，以便在数据营销、广告精准投放等方面创造价值，当然，也可以填补O2O成本；

（2）用户可以在支付宝与盒马鲜生的自有App之间进行更畅通的流动和转化，从而使用户黏性和O2O闭环效应得到大幅度提升。

盒马鲜生支持和鼓励线上支付其实就等于将所有线下用户变为会员，这样可以大幅度降低盒马鲜生的会员成本。此外，大多数企业都面临信息孤岛和断点式客源数据的痛点，盒马鲜生的线上支付策略可以收集用户的消费数据，实现线下引流，提高用户黏性，打通收银、价签和物流系统，有效消除这些痛点。

虽然盒马鲜生支持和鼓励线上支付，但确实有一部分人不习惯线上支付。为了更好地满足这部分人的需求，盒马鲜生的所有门店早就开通现金通道，让他们可以选择现金支付。每个门店都有明显的现金通道标识，给予需要现金支付的用户一定的指引。

盒马鲜生变革了支付方式，不断提高服务质量，让用户在现金支付以外拥有了更多的支付选择。在人工智能时代，支付方式将变得越来越多元化，即使如此，现金的使用也不能被忽视，用户有自主选择支付方式的权利。在保障用户自主选择支付方式方面，盒马鲜生做得不错。

第11章

智能制造：实体经济转型升级

当前，人工智能在制造领域已经有所应用，各种工业机器人、全自动智能生产线层出不穷。人工智能在制造领域的应用能够加速传统制造企业的转型升级，提高企业的生产效率和生产质量。因此，许多制造企业都引入了人工智能技术，打造智能工厂、智能质检系统等，实现更深程度的生产智能化。

11.1　从传统制造走向智能制造

人工智能与制造业的结合推动了智能制造的发展，在人工智能技术的助力下，工人与机器可以分工合作，产品设计与产品生产也发生了很大变化。

11.1.1　工人与机器分工合作，发挥更大优势

简单来说，人工智能其实就是"像人类一样聪明伶俐的机器"，将这个机器应用到制造领域，可以帮助企业提升生产和运营效率。与之前追求智能化、自动化的过程相比，实现"人工智能＋制造"的过程有着本质上的差异。

智能化、自动化的核心是机器生产，本质是机器代替工人；而"人工智能＋制造"不存在谁代替谁的问题，主要强调人机协同。也就是说，"人工智能＋制造"可以让机器和工人分别负责自己更擅长的工作。例如，重复、枯燥、危险的工作可以交给机器去做；精细、富有创造性的工作则由工人完成。

而且，现阶段还有很多工作必须通过人机协同才可以做好。例如，用机器将产品装配好以后，需要工人完成极为重要的检验工作，同时还需要为每个生产线配备负责巡视和维护机器的组长，如图 11-1 所示。

在工厂中，"机器换人"不是简单的谁替代谁的问题，而是追求一种工人与机器之间的有机互动与平衡。确实，自从"机器换人"以后，工人结构发生了很大转变，即由产业工人占主要比重的金字塔结构转变为技术工人越来越多的倒梯形结构。

图 11-1　组长在进行巡视工作

在描述人工智能的新趋势时，人机协同或人机配合更为贴切，毕竟在短期内，机器还不能完全取代工人。而且与机器相比，工人在某些方面有着不可比拟的优势。如今，大部分机器还只能完成一些简单、重体力、重复的流水线工作，高精度、细致、复杂的工作，机器则不如人工。之前，很多工厂引入大量机器生产产品，结果好像并不那么尽善尽美。

现在的机器还只能完成前端的基础性工作，那些细致、复杂、高精度的后端工作则需要工人完成。这表示，即使机器生产有了很大发展，工人还是不能被替代，他们需要致力于精细化生产，完成后端工作。

企业将机器应用于工厂中，是为了使其达到甚至超过工人的水平，从而提升生产效率。可以说，人工智能时代的"自动化"是机器的柔性生产，本质是人机协同，强调机器能够自主配合工人的工作，自主适应环境的变化，最终推动制造业的转型升级。

11.1.2　产品设计趋于定制化、小众化、多样化

随着生活水平的提高和消费理念的转变，人们不再只关心产品与服务，而是开始追求个性、独特、文艺、时尚等带来的精神快感。因此，

企业必须秉持定制化、小众化、多样化的核心产品设计理念，以进一步满足现代市场的发展趋势和潮流。

过去，规模化的生产方式非常受欢迎，因为它极大提高了生产效率，很大程度上刺激了各国经济的发展。但是，当社会生产力不断提高以后，人们的需求发生了巨大变化，如何进行多个品种的小批量、柔性化、多样化生产成为新时代的热点。

目前大部分行业所提供的产品都已经趋于饱和，开始由"卖方市场"进入"买方市场"。经济发展带来的产品创新能力尚待提升，这主要表现在两个方面：一是市场中充斥大量的"山寨品"；二是产品性能、功效等方面的相似。

"山寨品"盛行，导致了严重的同质化竞争。以手机为例，苹果开启了刘海屏与竖置双摄像的时代，这种造型即便被用户吐槽，但众多手机品牌依然愿意模仿。如果不考虑其他因素，就外观而言，目前市面上的手机基本都差不多，很少有独特之处。

尤其在人工智能时代，信息变得更加透明，传播也更加迅速，传播范围也更加广泛，用户在购物时已经不是货比三家，而是货比三十家、三百家。因此，企业必须思考自身的情况，反思自己是否陷入了同质化竞争，如果是，就应该调整，尽量采取小批量、柔性化、多样化生产的策略。

丰田以生产成本低、产品质量高的优势提升市场竞争力，适应时代的潮流，为日本汽车制造业的奋起加足马力。直到现在，小批量、柔性化、多样化生产仍然是丰田引以为傲的亮点，这个亮点不仅体现在为用户设计专属汽车上，还体现在汽车零部件的个性化上。

如今，德国的很多企业能够掌握一些汽车零部件在整个市场上的供需动态，从而减少车间与车间、工厂与工厂之间不必要的仓储费用。其实这些企业的最大创新之处在于运用人工智能，实现汽车零部件生产的个性化，根据用户需求为用户设计多样化的产品。

因为每个产品的成本和质量都不同，很难一概而论，所以我们暂时还无法知道小批量、柔性化、多样化生产究竟能带来多大程度的成本下降和质量提升。不过可以肯定的是，我们能够根据市场的变化形势来调整方案，设计样式更多、外观更有吸引力的产品。对于企业和工厂来说，这种无时差、无地域的直接反馈型调整有利于转型升级的尽快实现。

任何一项技术都会在一定程度上引起社会变革，人工智能当然也不例外，它不仅变革了工业和制造业，甚至还占据了吃饭、出行、看电影等休闲娱乐版块。人工智能之所以能够呈现出如此强大的生命力，正是因为其不断融入传统领域，并对传统领域进行正向改造。

11.1.3　先进生产体系实现智能化生产

AI 时代，智能制造已是大势所趋，无论是轻工制造还是重工制造，都要建立先进的生产体系，提高智能化生产的水平。

相较于传统工业生产，智能化生产有四个显著的优势，如图 11-2 所示。

1	生产高效灵活
2	协作整合产业链条
3	提高生产制造服务水平
4	云制造实现信息共享

图 11-2　智能化生产的四个优势

优势一：生产高效灵活

实施 AI 制造，能够推动生产方式的智能变革，进一步优化工艺流程，降低生产成本，使生产模式更加高效、灵活。高效、灵活的生产模式又能够促进工人劳动效率的提升和工厂生产效益的提高。

优势二：协作整合产业链条

AI制造技术不断应用于制造行业，能够使工业生产在研发设计与生产制造环节实现无缝合作，从而达到整合产业链条的目标。产业链的协作整合，又能够进一步提高功效，为工厂带来更多的盈利。

优势三：提高生产制造服务水平

AI制造的升级，能够使工业生产的性质发生改变。工业生产由生产型组织向服务型组织质变。工业生产部门借助大数据技术和云计算平台，能够促进智能云服务这一新商业模式的发展，最终提升生产部门的服务能力与创新能力。

优势四：云制造实现信息共享

工业生产信息化水平的提升，能够借助云平台，进一步整合车间优势资源，实现信息共享。信息共享机制的建立，能够推动生产的协同创新，提高优化配置的能力，最终提升工业产品的质量。

在智能制造领域，德国率先提出了"工业4.0"的理念，也正在深入践行；美国不甘落后，迅速提出"工业互联网"的战略；中国也紧跟潮流，出台了相关的战略规划。三个国家都拥有典型的智能制造企业，分别是德国的西门子，美国的 GE 和中国海尔的互联工厂。

例如，西门子成立了新业务部门 Next47。这一部门借助 AI 技术，促使西门子在工业电气化、自动化和数字化业务领域实现了前所未有的创新发展。Next47 业务部可以称得上是微型的智能工厂。在这里，生产制作员工利用大数据技术不仅可以直接获取用户需求，进行定制化生产，而且能够借助先进的智能生产设备，实现自动决策和精确执行命令。此外，Next47 业务部在产品的原材料、生产工艺和环境安全方面，也做得很出色。

在 AI 时代，为了建立先进生产体系，进行智能化生产，企业必须要做到以下三点：

第一，力争观念创新，技术创想，推翻传统模式，勇于试错、探索；

第二，要始终以用户为中心，始终满足用户差异化、个性化的需求；

第三，要打通产业价值链，促进产业智能升级，最终形成高效运转的智能生产圈和智能消费圈。

企业只有这样，才能够促进创新能力的提升，带动行业的发展、产品的盈利，最终步入美好的"智造"时代。

11.2　智能工厂：智能制造的优秀产物

随着"工业 4.0"的提出，智能工厂的概念得到人们广泛的认可。一方面，劳动力成本日益增加，企业招工困难；另一方面，人工智能等新兴技术的出现给工业企业提供建设智能工厂的良好技术支撑。一时间各大工业企业纷纷寻求转型升级。那么，如何才能建设真正的智能工厂？本节将对此问题进行详细阐述。

11.2.1　打造全价值链质量平台，实现信息化

建设智能工厂，首先要清楚智能工厂要具备的最本质因素是什么。

良信电气副总吴煜曾经表示，在迈向工业 4.0 的过程中，企业要关注质量。质量不仅包含最简单的产品质量，还要打造健全的全价值链质量平台，实现平台信息化。

企业信息化能够充分提升企业的竞争力，是建设智能工厂最重要的部分。企业信息化包含四部分内容：企业资源规划（ERP）、供应链管理（SCM）、客户关系管理（CRM）和产品生命周期管理（PLM），如图 11-3 所示。

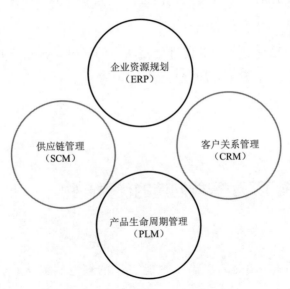

图 11-3　企业信息化包含的内容

由图 11-3 可知，打造全面信息化的智能工厂，需要将 ERP、CRM、PLM、SCM 等信息化内容固化落地，消除信息孤岛。

通过企业信息化，智能工厂能够实现以下五个方面的成果，如图 11-4 所示。

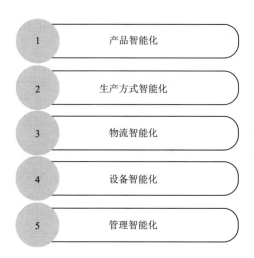

图 11-4　企业信息化的成果

1. 产品智能化

通过打通 PLM 和其他多个系统，实现协同设计，能够将产品生命周期的各过程转换成结构化的数据和文档。输入系统的数据长期有效，便于实现系统自动化设计。

2. 生产方式智能化

在生产过程中利用 ERP 等系统进行管控，打开生产过程中的"黑箱"，实现透明化、可追溯等目标。

3. 物流智能化

利用 SCM 系统的统筹管理，减少线边库存等问题，提升配送响应度和配送过程的透明度。

4. 设备智能化

利用各信息系统间的数据交流，实现生产线、机械手臂等精确定位和调控，成功打造产品生产过程中的自动化和智能化。

5. 管理智能化

各信息化系统之间实现横向的信息共享后，生产流程和程序信息就能实现深度融合，为产品的项目管理提供更多智能决策参考。

建设智能工厂的关键是打造全价值链质量平台，实现信息化落地。只有打破整个信息化管理的壁垒，才能建立深入企业内部的智能化体系。

11.2.2 智能工厂必须有标准

智能工厂的核心在于结合全价值链质量平台，实现信息化落地，仅拥有自动化生产线和工业机器人的工厂不能称为智能工厂。智能工厂涵盖的领域非常多，需要建立一定的标准来衡量工厂是否智能。一般来说，智能工厂有以下五大衡量标准，如图 11-5 所示。

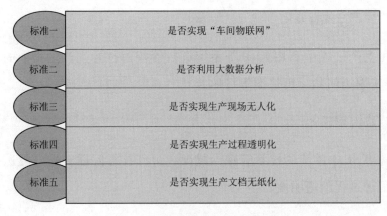

图 11-5 智能工厂的衡量标准

1. 是否实现"车间物联网"

真正的智能工厂，能够在人、设备、系统三者之间构建出完整的"车间物联网"，实现智能化的交互通信。传统的工业生产中只存在设备与设备之间的通信，人与设备之间的交互还需要接触式操作。建立"车间物联网"后，车间内所有的人与物都可通过物联网连接起来，方便管理。

2. 是否利用大数据分析

随着工业的信息化进程加快，工厂生产所拥有的数据日益增多。由于生产设备产生、采集和处理的数据量与企业内部的数据量相比大很多，因此智能工厂能够充分利用大数据技术进行数据的分析。

在工业生产的过程中，设备产生的数据每隔几秒就被收集一次。大数据技术利用这些数据能够建立生产过程的数据模型，并与人工智能技术结合，不断优化生产管理过程。同时，在生产过程中发现某处生产偏离标准，系统就会自动发出警报。

3. 是否实现生产现场无人化

智能工厂的基本标准是自动化生产，无须人工参与。当生产过程出现问题时，生产设备可自行诊断和排查，一旦问题解决，立刻恢复自动化生产。

4. 是否实现生产过程透明化

在信息化系统的支撑下，智能工厂的生产过程能够被全程追溯，各种生产数据也是真实、透明的，通过人工智能系统可以轻松查询与监管。

5. 是否实现生产文档无纸化

智能工厂一定是环境友好型工厂，目前工业企业中的众多纸质文件如工艺过程卡片、质量文件、零件蓝图等不符合智能工厂的标准，因此，智能工厂的一个重要衡量标准就是是否实现生产文档无纸化。生产文档实现无纸化管理，不仅能减少纸张的浪费，还能解决纸质文档查找困难的问题，极大提高工作人员检索文档的效率。

这些标准表明，建设智能工厂是全面的、系统的工作。企业只有明确智能工厂的标准，确立适合自身的智能企业建设方案，在建设过程中一一落实，才能建设出自己独特的智能工厂。

11.2.3 智造单元："一个现场，三个轴向"

在建设智能工厂的过程中，建设智造单元的策略得到大多数企业的认可。有人称智造单元是"智能制造落地最有效的抓手"。由此可见，建设智造单元是建设智能工厂的必经之路。

智能工厂本身是一个非常复杂的系统，要从整体考虑，而落实到具体的生产线时，就需要从构建智造单元做起。智造单元从工业的基本生产车间出发，将一组功能近似的设备进行整合，再通过软件的连接形成多功能模块的集成，最后与企业的管理系统连接。

智造单元可以用"一个现场，三个轴向"描述，如图 11-6 所示。

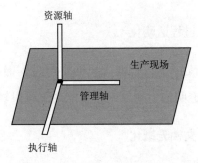

图 11-6　智造单元三维示意图

1. 资源轴

资源轴的"资源"是抽象意义上的资源，可以是任何对象，包括员工、设备、工艺流程等，也包括精神层面的企业文化。值得注意的是，员工是企业宝贵的资产。

2. 管理轴

管理轴指的是生产过程中的要素管控和运行维护过程，包括对产品的质量、成本、性能、交付等的管理把控。

3. 执行轴

执行轴是 PDCA 循环（也叫戴明环，如图 11-7 所示）的体现，即包括计划（Plan）、执行（Do）、检查（Check）和行动（Action）。

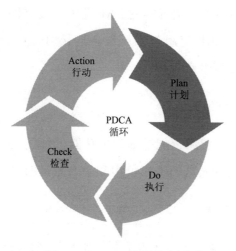

图 11-7　PDCA 循环示意图

智造单元实际上是最小的数字化工厂，可以实现多品种、少批量（单件）的产品生产。更重要的是，智造单元能够最大限度地保护工厂的现有投资，工厂既往的设备都可以重复使用。如此一来，工厂的投资成本得到控制，对推进智能工厂的建设十分有利。

智造单元是智能生态的最小单元，能够充分组合工厂现有的资源和设备，在整体的智能环境下使已有设备的功能和效率最大化，体现智能制造的调控性。

11.2.4　积极培养良好的科技意识

随着人工智能技术的发展，智能工厂运用的技术一定会日新月异。因此，企业在建设智能工厂时，要积极尝试新兴技术，培养科技意识。

运用以下技术可以更好地建设智能工厂。

1. 智能语音 +ERP（企业资源规划）应用

利用人工智能的智能语音唤起 ERP 应用，可以极大简化如功能调用、信息录入等操作。ERP 应用与工厂设备连接时，还能利用语音唤起工厂设备的运行，提高生产效率。

2. 图像智能扫描识别

利用人工智能的图像智能扫描识别功能，可以快速生成单据和凭证，避免手工录入，减少人员的工作负担和录入差错的可能性。

3. AR、VR、MR 技术

AR 是引领制造业变革的关键力量，也是经济发展的重要增长点。在智能工厂中，AR 能够很好地提供 3D 物体识别功能。例如，工人可以在识别一辆汽车后，借助 AR 为汽车变换颜色、更换轮胎等，这样可以提高工作效率和产品质量；维修人员还可以利用 AR 设备扫描相应的二维码，将虚拟模型和实物模型重合在一起，让智能软件给出相应的维修建议。

VR 的特点是"无中生有"，即用 VR 设备模拟一个虚拟空间，为工人提供视觉、听觉、触觉等感官的模拟。在智能工厂中，VR 可以成为连接工人和机器的中介，使工人更高效地完成远程辅助操作、异地合作设计、实时绘图等工作。

MR 是 AR 和 VR 的升级版技术，可以打造一个虚实融合的世界，其特点是帮助工人同时感受现实世界和虚拟世界。例如，工人可以在操作室内看到动态的虚拟产品，从而根据这个虚拟产品对真实产品的形态、颜色、样式等进行调整和优化。

建设智能工厂不是一朝一夕的事情，但不少企业已探索出建设智能工厂的前进道路。为了实现建设智能工厂的目标，企业必须牢固掌握这些技术，从而建设真正意义上的智能工厂。

11.3 案例分析：企业如何成功变成"技术派"

在智能制造成为趋势的当下，越来越多的制造企业将人工智能技术融入生产制造的过程中。例如，百度将 AI 融入质检系统、西门子建立安贝格工厂、海尔打造互联工厂等。这些案例都显示出智能制造的强大势能。

11.3.1 百度利用 AI 变革质检系统

在产品正式上市之前，企业必须对其进行质检。传统质检主要依赖于人工，这种方式主要有以下三点缺陷：

（1）质检人员的薪酬水平较之前有较大提升，使质检成本持续增加；

（2）当质检人员出现粗心、操作失误、走神等情况时，很可能导致产品漏检、误检，甚至二次损伤；

（3）在炼钢工厂、炼铁工厂等特殊行业场景中，质检人员的安全难以得到保障，可能在工作中受伤。

如果用智能质检设备进行质检，就完全可以弥补上述缺陷，同时还可以让质检变得更加迅速和统一。在这种情况下，越来越多的智能质检设备开始出现，百度质检云就是其中比较有代表性的产品。

百度质检云基于百度人工智能、大数据、云计算技术，融合了机器视觉、深度学习等技术，不仅识别率、准确率非常高，而且还易于部署和升级。此外，百度质检云还有一项非常出色的创新，即省去了需要质检人员干预的环节。

除了质检，百度质检云还具有产品分类的功能。

针对产品质检，百度质检云可以通过对多层神经网络的训练，检测产品外观缺陷的形状、大小、位置等，还可以将同一产品上的多个外观缺陷进行分类识别。针对产品分类，百度质检云可以基于人工智能技术为相似产品建立预测模型，从而在很大程度上实现精准分类。

从技术层面来看，百度质检云一共具有以下三大优势，如图 11-8 所示。

图 11-8　百度质检云的三大优势

1. 机器视觉

百度质检云基于百度多年的技术积累，实现了对工业的全面赋能。与传统视觉技术相比，机器视觉消除了无法识别不规则缺陷的弊病，识别准确率更高，甚至已经超过 99%。这一识别准确率还会随着数据量的增加而不断提高。

2. 大数据生态

只要是百度质检云输出的产品质量数据，就可以直接融入百度大数据平台。这不仅有利于用户更好地掌握产品质量数据，还能让这些数据成为优化产品、完善制造流程的依据。

3. 产品专属模型

百度质检云可以提供深度学习能力培训服务,在预制模型的基础上,用户可以自行对模型进行优化或拓展，并根据具体的应用场景打造出一个专属的私有模型，从而使质检、分类效果得以大幅度提升。

质检云适用于很多工厂，如需要大量质检人员的屏幕生产工厂、LED 芯片工厂、炼钢工厂、炼铁工厂、玻璃制造工厂等。综合来看，百度质检云适用的场景包括但不限于以下几个。

（1）光伏 EL 质检：百度质检云可以识别出数十种光伏 EL 的缺陷，如隐裂、单晶 / 多晶暗域、黑角、黑边等。人工智能使缺陷分类准确率有了很大提升。

（2）LED 芯片质检：百度质检云通过深度学习对 LED 芯片缺陷的识别和分类，使质检的效率和准确率都有很大提升。

（3）汽车零件质检：百度质检云可以对车载关键零部件进行质检，而且支持多种机器视觉质检方式，在很大程度上加快了质检的速度。

（4）液晶屏幕质检：百度质检云可以根据液晶屏幕外围的电路，设计并优化预测模型，大幅度提升产品合格率，降低召回率。

工业是我国现代化进程的命脉，也是发展前沿技术的主要阵地。百度质检云在推动企业降本增效、提升竞争力等方面起着重要作用，在人工智能的加持下，百度质检云让制造企业走向自动化、数字化。

11.3.2 安贝格工厂的 AI 技术优势

作为工业企业的龙头，西门子在建设智能工厂方面处于领先地位。在西门子的安贝格工厂中，只有四分之一的工作需要人工完成，剩下四分之三的工作都由机器和计算机自主处理。

自建成以来，安贝格工厂的生产面积没有扩大，生产人员的数量也没有太大变化，产能却在不断提高。在不断提高生产速度的同时，工厂产品的合格率也得到了保证。无论是生产速度，还是生产质量，安贝格工厂都处于世界领先水平。

安贝格工厂之所以有出色的生产成绩，是因为它重视三个方面，如图 11-9 所示。

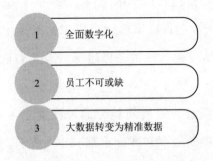

图 11-9　安贝格工厂重视的三个方面

1. 全面数字化

安贝格工厂的核心特点是全面数字化，其生产过程是"机器控制机器的生产"。

安贝格工厂生产的 SIMATIC 品牌可编程逻辑控制器（PLC）及相关产品，具有类似中央处理器的控制功能。工厂利用全方位数字化，产品和生产设备实现了互联、互通，保证了生产过程的自动化。

在安贝格工厂的生产线上，产品可以通过代码自行控制、调节制造过程，通过通信设备，产品能够传达给生产设备自身的生产标准、下一步要进行的程序等。通过产品和生产设备的通信，所有的生产流程都能够实现计算机控制并不断进行算法优化。

除了生产线的自动化，安贝格工厂的原料配送也实现了自动化和信息化。当生产线需要某种原料时，系统会告知工作人员。工作人员扫描物料样品的二维码后，信息传输到自动化仓库，物料就会被传送带自动传送到生产线。

从物料配送到产品生产的整个流程，工人需要做的工作只占整个工作量的四分之一。在全面数字化的影响下，安贝格工厂的生产路径不断优化，生产效率也大幅提高。

2. 员工不可或缺

工厂的生产流程已经实现高度的数字化和自动化，但安贝格工厂依旧重视员工的价值。除了日常巡查车间、把控自身负责生产环节的进度，员工还需要不断为工厂提出配送、生产过程的改进建议。在促进安贝格工厂生产力的各因素中，员工提出改进建议的因素占比 40%，不可小觑。此外，为鼓励员工不断提出改进建议，安贝格工厂会为提出建议的员工发放相应的奖金。

3. 大数据转变为精准数据

智能工厂的关键是将工厂生产过程中产生的数据收集起来，经过挖掘、分析和管理使数据变得更准确、更符合智能工厂生产的标准。安贝格工厂每天都会处理大量的数据，利用人工智能的智能分析手段和分类推送给员工，将大数据转变为精准数据，使数据变得更有价值。

11.3.3　海尔布局 AI 战略，打造互联工厂

一直以来，海尔都是技术的引领者和新理念的倡导者，在人工智能如火如荼的今天，海尔更是不会停下自己的脚步。互联工厂是海尔人局"人工智能 + 工业"的经典案例，该工厂坚持以用户为中心，致力于满足用户需求，提升用户体验，实现产品迭代升级。

此外，海尔互联工厂还借助模块化技术，提高 20% 的生产效率，产品开发周期与运营成本也相应地缩短 20%，这样的良性循环最终提升了库存周转率和能源利用率。那么，人工智能是如何改变海尔互联工厂的生产呢？具体体现在以下四个方面：

（1）模块化生产为海尔互联工厂的智能制造奠定了基础。原本需要 300 多个零件的冰箱，现在借助模块化技术，只需要 23 个模块就能轻松生产。

（2）海尔借助前沿技术进行自动化、批量化、柔性化生产。

（3）基于互联网新技术的应用实现内外互联、信息互联和虚实互联。在工业生产中实现人人互联、机机互联、人机互联与机物互联。

（4）海尔致力于实现产品智能和工厂智能。产品智能是结合人工智能，借助自然语言处理技术使海尔的智能冰箱可以听懂用户的语言，并执行相关操作；工厂智能是借助各项先进技术，通过机器完成不同类型、

不同数量的订单，同时根据具体情况，进行生产方式的自动调整、优化。

在这样的智能生产系统下，海尔互联工厂可以充分满足用户的个性化需求，加速产品的迭代升级，获得更丰厚的盈利。在我国，海尔互联工厂是工业转型升级的一个重要标志；在全球，海尔互联工厂是制造企业对外输出的重要体现。对于整个工业生态来说，海尔互联工厂是一个必不可少的存在。

11.3.4　碧桂园智能盖屋

近几年，机器人在各行各业的应用日趋广泛，机器人革命已经来临。在机器人的助力下，我们将迎来一个高度自动化、数字化的新时代。为了适应新时代，碧桂园正式进军机器人领域，并将重点放在设计和研发建筑机器人、服务机器人上。碧桂园试图将那些繁重、危险性高的工作交给机器人做，让机器人盖房子的梦想成为现实。

2021 年 7 月，碧桂园创始人杨国强表示，"我们要做好机器人建房的试点工程，全面实现机器人建房。"目前碧桂园在这方面已经取得了不错的成绩：引入多款建筑机器人，服务覆盖多个省份，涉及多个项目，累计施工超过百万平方米。

建筑机器人可以完成如下施工作业：

（1）智能随动式布料机可以矗立在施工作业面上，泵出大量混凝土；

（2）混凝土机器人小巧灵活，可以做地面抹平工作，降低工人的劳动强度；

（3）外墙喷涂机器人可以进行自动喷涂作业，避免高坠风险，喷涂效率也非常高；

（4）自升造楼平台有同步顶升功能，可以自动控制高差，将顶升一层的时间缩短数倍；

（5）辅助吊装工具配有8个强力吸盘，可以有效提升工作效率，安全又省力；

（6）外墙错台打磨机器人采用模块化设计，体积小、重量轻，在打磨的同时具备吸尘功能，不仅效率高，还非常环保；

（7）外墙螺杆洞封堵机器人可以精准定位，完成自动封堵，成品观感效果好；

（8）外墙腻子涂覆机器人可以自动适应墙面变化，对墙面进行涂覆，把墙面打磨得更光滑，而且配有吸尘系统，有利于减少粉尘危害；

（9）地坪研磨机器人只要接收到工人在平板电脑上下发的施工任务，便可以立即自主作业，不仅研磨速度快，还能让工地摆脱灰尘弥漫的情况。

与传统的人工操作相比，机器人施工有很多优势，如更安全、施工效率更高等。目前碧桂园在每个区域都安排了懂建筑、会管理、有技术、不怕吃苦、敢于拼搏的人作为带头人，领导机器人建房的试点工程，不断提升自己的核心竞争力。

未来，碧桂园将引入和推出更多建筑机器人，通过科学规划，使其有序地进入工地完成施工，而工人则只需要借助智能系统对施工过程进行管理和监测。为了推广机器人建房，碧桂园还将储备更多人才，进一步壮大科技团队，从而引领智能建筑新潮流。

第 12 章

趋势预测：人工智能的发展趋势

目前，人工智能在经济、法律、哲学、计算机安全等领域都有广泛的应用。人工智能的崛起已经对人类生活产生了深刻的影响，因此，未来，人们应该将研究重点从研发人工智能技术转移到实现社会效益层面。

面对人工智能技术的兴起，人们应该尽全力确保人工智能的未来发展对我们的生活有利。虽然人工智能的发展还存在各种问题，但这些问题需要在技术进步中依次得到解决，人工智能系统也将按照人类的意志或目标进行工作。

12.1 关于 AI，四大趋势不可不知

人工智能将引发一场新的科技革命，这场革命由数据、算力和算法这三个核心要素驱动，其中，智能物联网设备产生数据，超级计算机、云计算等技术产生算力，深度学习技术推动算法进步。这些足以让企业快速积累和掌握各领域、行业的经验和流程，进而使企业的业务流程更智能化。

总体来讲，人工智能将从胶囊网络、终端控制、应用场景、数据合成等方面入手，合力将人们推向一个智能化的新时代。与此同时，我们也要重视 AI 面临的新挑战，即可能出现的法律与伦理问题，如果不将这些问题妥善解决，人工智能的发展就很可能受到严重影响。

12.1.1 胶囊网络让 AI 更上一层楼

众所周知，深度学习推动了人工智能的应用，而胶囊网络的发展会使人工智能迈向更高的台阶。胶囊网络概念是由深度学习界的领航人杰弗里·辛顿在 2018 年发表的论文中提出的，它指的是在计算机视觉领域一种将会对深度学习产生影响的新型神经网络结构。

现如今，深度学习最普遍应用的神经网络结构之一就是卷积神经网络（Convolutional Neural Networks，简称为 CNN）。但在目前的应用场景实践中，CNN 还存在不足——它在处理精确的空间关系方面准确度不高。例如，CNN 在人脸识别的应用场景中，即便将人脸图像中嘴巴

与眼睛调换，它仍会将其辨识为正确人脸（如图 12-1 所示）。借此漏洞，有些"黑客"就可以通过制造一些细微变化混淆它的判断，给企业或个人造成巨大的损失。

图 12-1　卷积神经网络识别"错误人脸"

经过很多的测试得出结论——胶囊网络在对抗复杂攻击方面，如篡改图像以混淆算法上，完全优于卷积神经网络。虽然目前在全球范围内，胶囊网络的研发还处于初级阶段，但它的发展很可能给目前最先进的图像识别方法带来巨大挑战。

业界人士都熟知，胶囊网络早已被公认为是新一代深度学习的基石。下文将系统地介绍，胶囊网络这匹人工智能的"黑马"，在未来如何抵御对抗性攻击。

对人工智能发展历史有了解的人可能清楚，杰弗里·辛顿的主要功绩就是他在深度神经网络方面的研究，正是这项研究使得他被大众所熟知。早在三十多年前，他发表的关于深度神经网络的论文就标志着反向传播算法正式被引进深度学习，这对人类社会在人工智能应用方面有着重大的意义。

反向传播的原理很好理解，就是数据正向传播过程中，在输出层得到有误差的参数时，流程节点就会反向传播，让误差可以被隐藏层感知，再由隐藏层的权重矩阵进行调整。这样反复迭代，就能将多层神经网络的误差降到最小。基于此技术的支持，当时的 CNN 展现出前所未有的性能。

这种分层学习的认知方式，与人类大脑的思维方式相似度极高，这也是当时 CNN 在计算机视觉处理层面被应用最多的原因。但是，由于反向传播的天然缺陷，CNN 存在"黑箱"性、高消耗、迁移能力差等诸多问题。这也是为什么学界和产业界，一直在寻找新一代深度神经网络结构的原因。

胶囊网络概念填补了目前网络在图像识别方面的漏洞。胶囊代表的是图像中特定实体的各种特征——位置、大小、方向、色调等，它们作为单独的逻辑单元存在；然后，通过特定的路由算法，使胶囊将学习并预测到的数据传递给更高层的胶囊。随着该流程的不断迭代，各种胶囊就能够被训练成不同思维的单元。例如，在面部识别过程中，胶囊可以将面孔的不同部分分别记忆与识别。

综上所述，胶囊网络抵御对抗性攻击的能力对传统的 CNN 有较大影响，甚至在该技术的支撑下，开发团队还提出一种与攻击相独立的检测技术——DARCCC。它不仅能够识别出原始图像和攻击生成的图像之间的分布误差，更能有效辨别"对抗图像"，防止系统被攻击者欺骗而产生错误分类。

如果说卷积神经网络是现阶段人工智能的基石，那么胶囊网络显然正在推翻这一基石。但是在实际应用中，胶囊网络要完全取代 CNN，还有很多特殊问题亟待解决。

12.1.2 从云端控制到终端化控制

在社会生活中，很多工作都需要进行信息采集。我国一直利用人工智技术将文字、图像采集工作与市场需求相结合，先后推出护照识别、证件识别等云端识别技术。例如，证件识别技术是目前我国公务处理中使用最多的技术之一，可快速精准识别身份证、驾驶证等多种证件，拥有识别准确率高、速度快等优势，并且多个流程能同时调用，使操作人员更加方便、灵活地工作，提高工作效率。

但随着科学技术的快速发展，人工智能正在舍弃云端控制，逐渐走向终端化。所谓人工智能终端化，就是将人工智能算法用于智能手机、汽车、计算机等终端设备上。在政策、市场等多重利好因素的影响下，人工智能推动传统行业与多个领域相融合，从而迎来全新变革。我们将以移动智能终端与可穿戴智能终端为例，讲述人工智能技术在不同领域的实践之路。

1. 移动智能终端

无论是通用技术还是高端科技，没有应用的场景都是无价值的。而对于人工智能而言，它的价值非常高，因为它涵盖的面广泛，不仅涉及工业、农业、商业领域，甚至还涉及移动智能终端领域。

智能手机是目前人类社会使用范围最广的移动终端之一，所以人工智能技术在这一领域拥有广阔的市场前景。而且，移动通信技术与社会、经济发展息息相关，人工智能技术在移动智能终端的应用也受到了高度关注，如图 12-2 所示。

在人工智能技术崛起前，传统智能手机只是在功能方面相对丰富，但算不上智能。有了人工智能技术的助力，真正的智能手机出现在大众的视野里，并成为普通应用的终端设备。在智能手机领域，人脸识别、指纹识别等技术的应用最为广泛。借由人脸识别技术，智能手机在移动支付、身份验证、密码保护等方面得到跨越式的提升。

图 12-2　智能移动手机终端

　　汽车也属于移动智能终端之一，如图 12-3 所示。在 2018 年，我国发展和改革委员会就起草了《智能汽车创新发展战略》，为汽车智能化发展确立了目标与流程。由此车载智能终端产品的研发与应用也成为人工智能的发展方向之一。

图 12-3　车载智能终端

总体来讲，新型智能手机与车载智能终端是移动智能终端领域的两大主线产品，也是人工智能技术应用的主要场景。

2. 可穿戴智能终端

移动智能终端主要为人们的社交、工作和出行服务，可穿戴智能终端则将重点放在人们日常的休闲娱乐上。基于人工智能技术，可穿戴智能终端产品也逐渐被研发出来，例如，日常生活中的智能手表、智能眼镜等，医学领域的康复机器人、外骨骼机器人等。

在可穿戴智能终端的发展历程中，人工智能技术在智能手表、智能眼镜、机器人等产品中的应用，远没有在移动智能设备中那么广泛。这些可穿戴智能终端在产品设计与售后服务方面还有很大的提升空间，商业模式也亟须完善。

因此，在可穿戴智能终端领域，我们还需要进一步探寻最佳发展路径，以充分发挥技术与应用的价值和优势。2017 年，国务院印发的《新一代人工智能发展规划》中明确提出，国家将释放多项红利政策鼓励企业研发可穿戴智能终端产品，以推动我国人工智能的发展。

未来的 20 年，人工智能的商业化进程将不断加快。我国人工智能技术的发展与应用也将更加完善，围绕人工智能技术所展开的竞争也将更加激烈。作为人工智能重要应用场景，智能终端产业的重要程度将不断提升，企业、国家的重心将从云端控制逐渐向终端控制转变。

12.1.3　数据合成的 AI 时代已经到来

人工智能发展势不可挡，在此基础上，人们将进入数据合成时代。目前，许多企业对大数据项目进行投资，却没得到回报。而人工智能可以为这些项目提供商业案例，而且利用人工智能技术，项目的价值也会凸显出来。

之前，由于人工智能学习曲线陡峭、技术工具不成熟等，导致很多企业与大数据项目脱节。在日渐激烈的竞争环境中，这些企业将面临更大的挑战。

现在，随着人工智能的实用性加深和应用场景的成熟，一些企业重新部署数据层面的战略，开始讨论正确的决策方向，例如，如何才能使企业的流程更简化、如何才能实现数据提取的自动化等。

因此，尽管在人工智能发展的进程中，一些企业在数据方面取得了一些进步，但仍面临诸多挑战。例如，很多人工智能技术需要大量标准化的数据，还要把偏差和异常的数据"清除"掉，才能保证输出的结果完整、准确。而这些数据也必须足够具体，但在不侵犯用户个人隐私的前提下，此类数据又很难收集到。

以银行业务流程为例。在一家银行里，各个业务线都有自己的客户数据集，其中不同部门的数据格式也不尽相同。但要使人工智能系统识别出提供最多利润的客户，并为如何找到更多这样的客户提供建议的话，系统需要以标准化、无偏见的形式访问各业务线和各部门的数据。

因此，银行的数据不应清理。这些数据意义重大，银行需要通过数据的合成，使利润最大化，业务流程更加科学、严谨。

综上所述，企业内部数据对人工智能与其他创新科技来说意义非凡。但随着数据采集的发展，市场中诞生了第三方供应商，这些供应商可以将采集的公共数据资源合成数据"湖"，为各个企业使用人工智能打好数据基础。

由于数据变得更有价值，合成数据等各种加强型数据技术的发展速度将越来越快。在未来，人工智能的发展可能不需要再费时费力采集大量的数据，只需要将原有的合成数据加上精确的算法即可。

12.1.4　AI 新挑战：法律与伦理问题

任何一项新技术的崛起都应该伴随相关法律的完善，以使技术获得更安全、稳定的发展，尤其像人工智能这种涉及伦理问题的新技术，更需要在法律的指导下进行规范化应用。从娱乐、购物、出行，到支付，人工智能在无形中改变着人们的生活。如果人们想更充分地享受人工智能带来的便利，就需要为其制定法律，规范伦理问题。

2019 年 6 月 17 日，为了指导人工智能发展，国家新一代人工智能治理专业委员会发布了《新一代人工智能治理原则》。该文件明确强调，人工智能发展相关各方应该遵循八大原则：和谐友好、公平公正、包容共享、尊重隐私、安全可控、共担责任、开放协作、敏捷治理。

综合来看，人工智能的发展应该以保障社会安全、尊重人类权益为前提，不能误用、滥用、恶用，而且要符合环境友好、资源节约的要求。此外，科技企业应该在共享数据、避免数据垄断的情况下尊重和保护个人隐私，拒绝出现非法收集和利用个人信息的行为。为避免出现问题，各方应该有社会责任感和自律意识，完善问责机制，明确责任人。

随着人工智能的应用范围不断扩大，2021 年 9 月 25 日，国家新一代人工智能治理专业委员会发布《新一代人工智能伦理规范》，希望为从事人工智能相关行业的企业提供相关指导。为了更好地解决人工智能的伦理问题，该文件提出了企业应该遵循的伦理规范，主要内容如下：

（1）增进人类福祉；

（2）促进公平公正；

（3）保护隐私安全；

（4）确保可控可信；

（5）强化责任担当；

（6）提升伦理素养。

此外，该文件还在管理规范、研发规范、供应规范、使用规范等方面对相关部门和企业提出一定的要求，这些要求对解决人工智能的伦理问题很有帮助。

在管理规范方面，文件对相关部门提出了五点要求：推动敏捷治理、积极实践示范、正确行权用权、加强风险防范、促进包容开放；在研发规范方面，文件强调企业要强化自律意识、提升数据质量、增强安全透明、避免偏见歧视；在供应规范方面，文件提出企业应该尊重市场规则、加强质量管控、保障用户权益、强化应急保障；在使用规范方面，文件提倡善意使用、避免误用滥用、禁止违规恶用、及时主动反馈、提高使用能力。

对于人工智能的发展，政府十分重视。因此，除了上面提到的两份文件，政府还印发了一些与人工智能息息相关的文件，如《关于促进人工智能与实体经济深度融合的指导意见》《国家新一代人工智能标准体系建设指南》等。

未来，面对更高级的人工智能，政府还应该采取更科学、合理的措施，既要通过政策对人工智能进行规范，也要从伦理角度入手赋予人工智能一定的开放性，使人工智能在我国更有用武之地。

12.2　科技时代，企业转型着力方向

在科技高速发展的时代，人工智能已经融入多个领域。它重建着各领域的商业模式，也渗透到人们的日常生活中，例如，制造业、银行业、医疗业等。

　　传统企业在人工时代取胜的关键因素是绩效。随着人工智能的出现，将对企业绩效的制定与落实提出更高的要求。因此，在人工智能时代，企业的智能化、数字化转型是必要的。

12.2.1　在智能定制芯片方面下功夫

　　本节我们将以家电企业格兰仕为例，来介绍传统企业是如何在人工智能时代依靠智能定制芯片占据市场的。

　　随着人工智能的兴起，家电市场也对智能定制芯片的需求量大幅增加。目前，我国的很多高端智能芯片来自国外，但要想快速驱动家电企业的创新发展，芯片技术研发与软件技术研发需要协同前进。前者为后者的智能化生产提供市场保障，后者为前者提供技术支持。

　　格兰仕是一家世界级家电生产企业，它在我国广东省拥有国际领先的微波炉、空调等家电研究和制造中心。前不久，格兰仕推出物联网芯片，并将它配置于自己生产的 16 款产品中（如图 12-4 所示）。此项举措标志着格兰仕着手传统制造的转型升级，向更有前景的智能领域迈进，致力于打造一家智能家电企业。

图 12-4　格兰仕芯片微波炉

格兰仕集团在智能物联网时代，不以计算机、手机等设备的芯片为中心，而要创新技术架构。因此，格兰仕选择与一家智能芯片制造企业合作，为格兰仕家电设计出了一套专用的高性能、低功耗、低成本的芯片。据介绍，格兰仕创造出的新架构，在相同制程中，比英特尔、ARM 架构芯片速度更快、能效更高。

格兰仕的高层还曾在采访中表示，他们开发的专属芯片，不只用于各种家电，还可用于服务器；借助专属芯片，就可以创造出格兰仕家电特有的生态系统，让家电更加高效、安全、便捷地实现智能化。

格兰仕迈出了从传统制造向智能化转型的第一步，要全面实现智能化企业的转型，格兰仕还需要加强软件方面的研究。因此，格兰仕与一家德国企业进行了边缘技术方面的合作，将芯片与软件协作控制的人工智能技术应用到家电产品中。通过实践发现，相比于云计算，格兰仕的边缘计算更接近智能终端，其数据计算安全性与效率都比较高。

未来，市场竞争会愈发激烈。为了占领更多的市场，格兰仕集团透露将在计算服务云中部署大型人工智能系统，争取在同一个平台上完成对生产、销售、售后服务等流程的全面管理，实现从"制造"到"智造"的转变，加速企业利润的增长。

然而研发智能定制芯片，企业不仅要有强大的资本，还需要技术与时间的积累，而对我国传统制造企业在智能化转型的道路上还要面对很多挑战。

12.2.2 用强大的数据体系打造竞争壁垒

传统企业想要通过数据层面进行智能化转型，就要掌握第一手数据源。我国注重科技发展，人工智能也逐渐走向科技发展的前沿地带，引领我国各个行业、领域的发展趋势。而人工智能领域中的大数据技术，引发业内人士对未来的思考并激发人们尝试。

一位金融领域的专家曾提到，"人工智能关键的是有效的数据源，其次是算法，再往后端一点是应用。"目前我国人工智能的发展在应用端很有优势，应用场景与数据采集空间相对较多。但我国在算法和关键数据源层面还有很大的成长空间。

因此，我国传统企业要想在人工智能转型升级的竞争中保持领先地位，就要重视技术和数据，以技术为切入点，掌握数据源，建立竞争壁垒。

在人工智能领域的"厮杀"中，为何需要建立竞争壁垒？我国的大数据应用在其中又起到什么作用？这两个问题需要从人工智能的各个细分市场方面介绍。

每当人们谈到人工智能，首先想到的一定是机器人与无人机（如图 12-5 所示）。但人工智能目前已经渗透到智慧交通、无人驾驶、智慧电厂、智慧医疗、智慧金融等诸多领域，这些领域都有一个共同基础的需求——稳定的大数据。

图 12-5　智能无人机

人工智能的基础层，主要分为三个部分：芯片、算法、大数据。芯片与算法的重要程度已在前文介绍。而大数据从某种角度来讲，就是高阶形态的人工智能的前身。这也意味着，企业的竞争力是建立在对大数据掌控的基础上。

神策数据创始人桑文峰指出："如果数据出现偏差，人工智能发展方向就会'误入歧途'"。因此，掌握数据源以及与提供精准数据分析的企业合作，成了传统企业进入人工智能领域的必然选择。人工智能企业与数据工具企业合作的目的有两个：首先，要奠定企业数据的基础，避免因数据处理不清晰使企业发展路径出现偏差；其次，数据工具企业可以为人工智能企业提供丰富的应用场景，让人工智能不再是空谈。

企业要掌握第一手的数据源，就要注意以下几个关键环节：一是收集数据时，注重全面性与时效性；二是分析和采用数据时，要注重数据的准确性与有效性；三是数据量上下浮动时，应注意及时应对；四是在采集数据时，注重客户的隐私和数据安全。

以上就是在人工智能时代，传统企业如何通过掌握第一手数据资源，提升企业竞争力的方法。

12.2.3　打开人工智能的"黑匣子"

随着对人工智能领域的深入探索，人们心底始终有一个顾虑——人工智能的失控。虽然从目前来看，人工智能还在人们的掌控范围内。但人工智能出现过不受控制的情况，这就使政府和消费者对其保持谨慎的态度。

在很多的科幻、惊悚题材的电影里，人工智能常常被渲染得神秘又恐怖，例如，人工智能有自己的思想，可以制作生化武器；人工智能不受控制并想操控人类等。但现阶段，存在一个很多人工智能热爱者不愿提及的现状——至少现在的人工智能并没有想象中的那么"聪明"。

在人工智能发展的前期，它可以帮助企业进行简单的图像识别工作，或是将复杂、烦琐的工作自动化；人工智能发展到现在，它可以帮助人们在决策方面作出最优选择。例如，人工智能应用于围棋。在前期，开发者只有给人工智能程序提供大量的历史数据才能让它学会下围棋；但现在，开发者只需要向人工智能提供围棋的规则，它就能在几个小时里熟练掌握技巧并所向披靡。

基于此，人们不禁思考，人工智能的决策力高于人脑会不会让人类的恐怖幻想成为现实。其实这个担心是多余的，人工智能"不够聪明"的点就在于它依然只能遵循人类设计的规则。如果研发人员给予人工智能适当的设计，人们就完全可以安全地利用其能力。

尽管人工智能目前仍然在人类的控制范围内，但它的行为有时却很难被理解。有两种原因导致这种情况的产生：一是人工智能算法超出了人类的理解范畴；二是人工智能制造商对项目进行保密。因为无法理解人工智能的工作原理，所以用户无法从根本上信任它。当人工智能顺利运作或作出决策时，在用户眼里它依旧是一个"黑匣子"。故而，可能因为人工智能不被信任，所以限制它的运用。

在人工智能时代，企业要想成功运用人工智能技术实现数字化、智能化转型升级，就必须做到以下几点。

1. 打开"黑匣子"

据调查显示，未来企业将面临来自用户或合作者的监察压力。因此，企业需要打开人工智能的"黑匣子"，提升工作流程和算法的透明度，可能要公开制造商的研发机密。同时，企业要从用户角度出发进行产品研发，以便帮助用户更好地理解人工智能的算法。

2. 权衡利益

企业在对人工智能作出合理解释时，付出的代价和获得的收益是双向的。企业在对人工智能系统的每个工作环节进行记录和说明时，需要付出的代价是效率会降低、成本会上升；获得的收益就是该人工智能系统能够获得用户、投资人等利益相关者的充分信任，减少了市场风险。

3. 建立关于人工智能解释能力的框架

人工智能的可解释性、透明度和可证明性是在一个范围内的。企业如果能建立一套完整评估业务内容、业绩标准与声誉评价问题的框架，就可以使其在一定的范围内作出这些方面的最优决策。

综上所述，人类在人工智能研发与掌控的道路上有困难也有机遇。希望在未来，在安全的基础上，我们能利用人工智能给日常生活带来更多的便利与享受。

12.2.4　着力布局 Metaverse 的 AI 技术与应用场景

人工智能已经成为新一轮技术革命的驱动力量。在无限接近真实的元宇宙世界里，人工智能也扮演着非常重要的角色。人工智能可以打造一个数字环境，为元宇宙的应用场景提供支撑，在智能系统维稳、内容创作等方面更好地赋能元宇宙，从而让人们享受到优质的体验和服务。

在智能系统维稳方面，经历过深度学习的 AI 模型不仅可以对人们的操作进行模仿，还可以用极快的速度找到数字环境中的漏洞（bug），并将这个漏洞彻底修复。元宇宙就像一块儿"新大陆"，需要不断被探索、检查、验证，而比较适合完成这项工作的无疑是人工智能。

以游戏开发为例，传统的代码式测试很难将游戏中可能出现的所有场景都预测出来。但如果有了 AI 模型，就可以自动检测到游戏漏洞，从而减轻研发人员的工作量。在游戏《The witness》（见证者）中，研发人员就使用了 AI 模型，使其走遍小岛的所有角落。在这个过程中，只要发现有卡顿或不符合常识的漏洞，AI 模型就记录下来并反馈给研发人员，让研发人员对游戏进行调整和优化。

除了找漏洞这种枯燥的工作，人工智能还可以测试游戏的通关难度，分析每一关的难点，让玩家在游戏过程中有更好的体验。因为与元宇宙相关的游戏通常都会模拟现实世界，所以让玩家有好的体验是游戏受欢迎的一个关键要素。

在内容创作方面，人工智能通过对大量数据的分析与学习，借助 AI 算法和数字程序，可以自主创作内容。例如，在游戏《无人深空》中，从 NPC（Non-Player Character，非玩家角色）、星球环境，到各类生物、太空船，再到背景音乐，几乎都是以程序化的方式生成的。人工智能可以通过分析玩家的行为和游戏习惯，自行调整 NPC 的行为和游戏方式。这对于模拟现实世界的元宇宙游戏来说无疑是很大的技术进步。

游戏公司 Epic 于 2021 年推出的虚幻引擎工具 MetaHuman Creator 也是人工智能赋能元宇宙的一个经典案例。该工具可以自主创作高度逼真的数字人类，并与现代动作捕捉和动画技术相结合，为游戏、电影、电视剧等打造人机交互场景。在不影响质量的前提下，该工具将创作虚拟角色模型和虚拟场景的时间缩短到 1 小时以内，效率非常高。

元宇宙的边界在不断扩宽，只有实现人工智能辅助内容创作和自主内容创作，才能够满足元宇宙时代不断增强的内容需求。随着人工智能的不断进步与升级，内容创作门槛儿将越来越低，内容输出效率则会越来越高，这无疑会为元宇宙发展注入全新的活力。

未来，大多数公司，尤其是科技公司，都应该重视元宇宙战略，走"元宇宙 + AI"融合发展之路，紧跟元宇宙时代的步伐。

参考文献

［1］黄斯狄 . 小程序电商：运营＋推广＋案例实操［M］. 北京：清华大学出版社，
     2018.

［2］国务院发展研究中心国际技术经济研究所 . 人工智能全球格局：未来趋势与中国
     位势［M］. 北京：中国人民大学出版社，2019.

［3］李开复 . 人工智能［M］. 北京：文化发展出版社，2017.

［4］奥恩 . 教育的未来：人工智能时代的教育变革［M］. 李海燕，王春辉，译 . 机
     械工业出版社，2018.

［5］孙松林 . 5G 时代经济增长新引擎［M］. 北京：中信出版社，2020.

［6］吴军 . 智能时代：5G、IoT 构建超级智能新机遇［M］. 北京：中信出版社，
     2020.

［7］斯加鲁菲 . 智能的本质：人工智能与机器人领域的 64 个大问题［M］. 北京：人
     民邮电出版社，2017.

［8］斯加鲁菲 . 人工智能通识课［M］. 张翰文，译 . 北京：人民邮电出版社 .2020.

［9］赵亚洲 . 智能 +：AR、VR、AI、IW 正在颠覆每个行业的新商业浪潮［M］. 北京：
     北京联合出版公司，2017.

［10］腾讯研究院，中国信息通信研究院互联网法律研究中心，腾讯 AI Lab，等 . 人
      工智能：国家人工智能战略行动抓手［M］. 北京：中国人民大学出版社 .2017.

［11］米歇尔 . AI 3.0［M］. 王飞跃，李玉珂，王晓，等译 . 成都：四川科学技术出版社，2021.

［12］伍尔德里奇 . 人工智能全传［M］. 许舒，译 . 杭州：浙江科学技术出版社，2021.

［13］洛奈 . 万物皆数：从史前时期到人工智能，跨越千年的数学之旅［M］. 北京：
      北京联合出版公司，2018.